中亚热带人工林转型天然阔叶林技术研究

黄清麟　王金池　著

中国林业出版社
China Forestry Publishing House

图书在版编目(CIP)数据

中亚热带人工林转型天然阔叶林技术研究 / 黄清麟,

王金池著. —北京 : 中国林业出版社, 2024. 11.

ISBN 978-7-5219-3002-3

Ⅰ. S718. 54

中国版本图书馆 CIP 数据核字第 2024JR2497 号

责任编辑 : 刘香瑞　范立鹏

封面设计 : 睿思视界视觉设计

出版发行　中国林业出版社

　　　　　(100009,北京市西城区刘海胡同 7 号,电话 010-83143545)

电子邮箱　3613288@ qq. com

网　　址　http://www. cfph. net

印　　刷　北京中科印刷有限公司

版　　次　2024 年 11 月第 1 版

印　　次　2024 年 11 月第 1 次印刷

开　　本　710 mm×1000 mm　1/16

印　　张　14. 25

字　　数　255 千字

定　　价　80. 00 元

前　言

　　天然林是森林资源的主体和精华，是自然界中群落最稳定、生物多样性最丰富的陆地生态系统。全面保护天然林，对于建设生态文明和美丽中国、实现中华民族永续发展具有重大意义。1998 年，我国在长江上游、黄河上中游地区及东北、内蒙古等重点国有林区启动实施了天然林资源保护工程，标志着我国林业从以木材生产为主向以生态建设为主转变；2014 年，我国作出把所有天然林都保护起来的战略决策，把所有天然林都纳入保护范围；2015 年，东北、内蒙古重点国有林区全面停止天然林商业性采伐；2016 年，全国天然林全面停止商业性采伐；2019 年我国印发《天然林保护修复制度方案》。

　　在公益林区域（特别是以国家公园为主体的各类自然保护地区域），如何扩大地带性植被类型天然林面积，也就是如何将具有良好乡土树种天然更新的人工林成功转型为地带性植被类型的天然林，将是我国面临的学科前沿问题和我国经济社会可持续发展需要解决的关键科学与技术问题。人工林转地带性植被类型天然林的技术研究，既是人工林质量精准提升与可持续经营技术的重要发展，也是天然林质量精准提升与持续经营技术的重要补充，具有重要的理论与实践意义。

　　我国亚热带天然阔叶林（常绿阔叶林）为世界上所罕见的植被类型，其中分布在约 $154×10^4 km^2$ 范围内的中亚热带天然阔叶林(常绿阔叶林)则是我国亚热带地区最典型的地带性植被类型。中亚热带天然阔叶林在维护区域生态平衡及促进区域经济社会可持续发展中具有十分重要的不可替代的作用。在全面实施《天然林保护修复制度方案》背景下，在中亚热带公益林区域(特别是以国家公园为主体的各类自然保护地区域)，如何将具有良好乡土阔叶树种天然更新的人工林成功转型为地带性植被类型的天然阔叶林，对扩大中亚热带天然阔叶林的面积、促进中亚热带天然阔叶林保护与恢复以及区域经济社会可持续发展都将起到十分重要的作用。具有良好乡土阔叶树种天然更新的中亚热带人工林，在采伐或枯死人工林木后，能否成功转型为地带性植被类型天然阔叶林是具有挑战性和前瞻性的研究课题，其中转型的基本条件(即转型前人工林中乡土阔叶树种天然更新状况)是其核心问题。

人工林可以成功转型为地带性植被类型天然林的灵感源于本人长期从事的中亚热带天然阔叶林可持续经营技术研究，特别是中亚热带人促阔叶林的成功培育。而中亚热带人促阔叶林成功培育的灵感又是源于本人的长期合作伙伴李元红先生。李元红先生在 20 世纪 60 年代开始在福建省顺昌县试验并成功培育出第一代人促阔叶林，培育的人促阔叶林树种多、密度大、生长快、生长量和蓄积量高、投入成本低，基本可以保留伐前天然阔叶林所有物种。这在当时是非常了不起的创举和成就，因为在当时根本没有人认为皆伐天然阔叶林后还可以成功培育出人促阔叶林，常规的做法是皆伐天然阔叶林—炼山—整地后营造人工杉木林或人工马尾松林。1981 年，李元红先生主持完成的"阔叶林皆伐方式天然更新的研究"荣获福建省科技成果三等奖，随后在全省推广应用。到了 1991 年，该成果已在福建省顺昌县推广应用 $2.5×10^4$ hm^2，已在福建省推广应用 $16.7×10^4$ hm^2。

中亚热带人促阔叶林指中亚热带天然阔叶林皆伐后通过人工促进天然更新形成的天然阔叶林。这里的天然阔叶林既可以是近原生阔叶林、早期阔叶林、择伐阔叶林或人促阔叶林，也可以是残次阔叶林。这里的人工促进天然更新技术要点是：①伐前天然阔叶林下有 3 000 株/hm^2 以上且分布相对均匀的乔木幼树（基本条件）；②皆伐天然阔叶林后不炼山并封山育林（辅助人工措施）。只要具备以上基本条件并采取以上辅助人工措施，1~2 年内即可成功培育多树种、高密度、充分郁闭的人促阔叶幼林；通过自然竞争、自然稀疏和自然选择，人促阔叶幼林可以完成向地带性植被类型的天然阔叶林的演替与发展。如果伐前天然阔叶林下有 9 000 株/hm^2 以上且分布相对均匀的乔木幼树（基本条件），即可成功培育短伐期阔叶林。但是，如果不具备"伐前天然阔叶林下有 3 000 株/hm^2 以上且分布相对均匀的乔木幼树"这样的基本条件，即便皆伐后不炼山并封山育林，皆伐迹地有可能转型为灌木林地或荒地（茅草地）。

那么，具备良好乡土树种天然更新（基本条件）的中亚热带人工林，采伐或枯死人工林木后，是否也可以成功培育出同人促阔叶幼林特征一样的多树种、高密度、充分郁闭的天然阔叶幼林？再通过自然竞争、自然稀疏和自然选择，这些天然阔叶幼林可以完成向地带性植被类型的天然阔叶林的演替与发展。这就需要进行开创性的试验来证明。

基于以上考虑，本人在 2016 年 12 月至 2021 年 5 月期间主持完成了中国林业科学研究院中央级公益性科研院所基本科研业务费专项资金重点项目"中亚热带人工林转天然阔叶林的关键技术研究"（CAFYBB2017ZC002），通过持续4年多的试验与观测，成功证明了具备良好乡土树种天然更新（基本条件）的中亚热带人工林，采伐所有人工林木2年后可以成功培育出同人促阔叶幼林特征一样的多树种、高密度、充分郁闭的天然阔叶幼林。2021年11月，中国林学会团体标准《中亚热带人工林转型天然阔叶林技术指南》（T/CSF 023—2021）和《中亚热带天然阔叶幼林认定指南》（T/CSF 022—2021）发布，林业科技成果《中亚热带人工林转型天然阔叶林关键技术》通过中国林学会组织的专家组评价，专家评价组组长和副组长分别是蒋有绪院士和盛炜彤研究员。

2018年9月，本人指导的博士生王金池入学，博士论文选题定为中亚热带人工林转型天然阔叶林的基本条件，克服了2年半疫情对科研工作造成的严重困扰，王金池于2022年6月完成博士学位论文并通过博士学位论文答辩，获农学博士学位。

本专著的学术思想和写作框架是在本人的主持下完成的，是本人和本人指导的博士生王金池多年来辛勤工作与探索的成果。本专著是以本人前期项目工作基础和王金池的博士学位论文为基础编辑完成的。全书统稿、文字编校和出版事宜由本人完成。特别感谢主持王金池博士学位论文开题报告会和答辩会的盛炜彤研究员的指导与帮助，感谢蒋有绪院士、鞠洪波研究员、郑小贤教授、王彦辉研究员、黄选瑞教授、王宏教授级高工、邓华锋教授、苏玉梅高工和黄如楚高工等专家的指导与帮助。感谢家人的默默支持与帮助。

本专著是本人1998年博士学位论文《中亚热带天然阔叶林可持续经营技术研究》成果的延续与拓展。得到本人主持完成和主持实施的中国林业科学研究院中央级公益性科研院所基本科研业务费专项资金重点项目"中亚热带人工林转天然阔叶林的关键技术研究（CAFYBB2017ZC002）"和"南方集体林区低效天然马尾松次生林提质增效与多功能维持技术研究"（CAFYBB2023ZA007）的资助，也是这两个项目的重要产出。

　　由于本人水平所限，本专著中一定有不少缺点与错误，敬请各位同仁批评指正。

黄清麟

2024 年 9 月

目　录

图目录

表目录

第1章 研究进展

　　森林是陆地生态系统的主体,在维护生态平衡、涵养水源、提供人类生产生活资料等方面发挥着重要的作用。现今,我国人工林面积居世界首位,第九次全国森林资源清查报告显示,我国人工林面积和蓄积量分别为 7954.28×10^4 hm^2 和 33.88×10^8 m^3,占全国森林面积和森林蓄积量的 36.45% 和 19.86%。人工林的快速发展在缓解木材及非木质林产品的供求压力、生态修复、景观重建及环境改善方面都具有重要意义(王豁然,2000;朱教君等,2016;孟庆繁,2006;刘世荣等,2018)。但是,我国人工林仍存在质量差、生产力低、植被与树种布局不合理、生态功能较弱、结构简单、稳定性差等问题(徐化成,1991;盛炜彤,2013,2014,2019;刘世荣等,2018;朱教君等,2016;周霆等,2008;周霆,2008;陈幸良等,2014)。

　　与人工林相比,天然林在物种多样性、稳定性、森林健康及生态功能方面的表现通常更好(何芳兰等,2016;王健敏等,2010;刘进山,2009;张永利等,2007),基于这种认识及人工林存在的诸多问题,通过对人工林进行植被控制,调整林分结构,使其接近自然状态以增加生物多样性、提高林分稳定性和生产力是人工林可持续经营的研究热点之一。

　　中亚热带常绿阔叶林是世所罕见、我国亚热带地区最典型的地带性植被类型，在小气候调节、涵养水源、储藏土壤养分、维持生物多样性及稳定性方面发挥着重要的作用(宋永昌等，2005；黄清麟等，1999c)。我国的常绿阔叶林具有分布最广、面积最大、发育最为典型、类型最为复杂多样等特点(丁圣彦等，2004；宋永昌等，2005)，过去由于人们未能正确认识常绿阔叶林的功能和作用，在生产实践中常将其当成"杂木林"砍伐(黄清麟，1998a)，致使其遭受严重破坏，导致原生常绿阔叶林所剩无几，亚热带常绿阔叶林面积锐减，景观破碎化严重，林分生产力低等一系列问题(李元红，1985；黄清麟，1998a；宋永昌等，2005；陈方敏等，2010)，因此，迫切需要对常绿阔叶林开展保护、恢复与重建工作。

天然林具有复杂的结构和功能，是森林资源的主体和精华，随着对生物多样性保护的重视及增加森林生物多样性价值等方面的需求，恢复被人工林取代的天然林日益受到关注。如何扩大地带性植被类型的天然林面积，将重点生态功能区、生态环境敏感区和脆弱区等区域内具备转型条件及有转型需求的人工林转型为地带性植被类型的天然林，是森林经营面临的新问题和新挑战。本研究以福建省永安市马尾松 (*Pinus massoniana*) 人工林及邓恩桉 (*Eucalyptus dunnii*) 和巨桉 (*Eucalyptus grandis*) 人工林为研究对象，探讨清除人工林木后，人工林能否成功转型为天然林并对转型的基本条件进行探讨，旨在为人工林的植被控制、乡土阔叶树的保护和发展以及扩大天然林面积等提供科学依据和技术支撑。

1.1　人工林转型天然林研究进展

根据林分起源不同可将森林划分为人工林和天然林，过去几十年间，出于经济、土地利用和木材需求等原因，单一树种人工林在世界范围内盛行（Evans，1999；FAO，2001；Evans et al.，2004；Komatsu et al.，2008；Drummond et al.，2010；Bremer et al.，2010；Malkamäki et al.，2017），目前，全球人工林面积达 $2.94 \times 10^9 \ hm^2$，占世界森林总面积的 7%（FAO，2020）。在许多国家，人工林的扩张大多依靠采伐乡土树种天然林或生产力低下的天然林后再造林的方式（Zerbe，2002；Boucher et al.，2009；Domec et al.，2015），且造林树种以针叶树为主，在世界范围内，高达 39% 的人工林为非乡土树种针叶林（FAO，2010；Gavran，2013），人工林的迅速发展在满足木材和其他林产品需求的同时也给乡土树种天然阔叶林带来了极大的影响，世界各地的原生落叶林已逐渐被先锋针叶林取代（Augusto et al.，2002）。研究表明，在可持续管理的前提下，人工林可以帮助减少天然林的采伐压力，有些人工林还可以提供重要的生态系统服务（FAO，2020；Brockerhoff et al.，2008；Coote et al.，2012），但单一树种人工林带来的土壤肥力和生产力下降、生物多样性丧失等问题仍不能忽略，针叶树种人工林还极易引发森林火灾和病虫害（Pausas et al.，2004；Cruickshank et al.，2009；Haynes et al.，2014；Xie et al.，2020）。相比之下，天然林大多为多树种混交林，通常对生物多样性保护的贡献更大，并能提供更广泛的利益、更多样化的生态系统服务和森林产品（FAO，2020），对外部干扰和环境变化的抵抗力和恢复力也更强(Domec et al.，2015)，随着对生物多样性保护的重视、增加森林生物多样性价值的需求及人工林本身存在的诸多问题，采伐天然林建立人工林的方式已逐渐不被接受(FSC，2015；Payn et al.，2015；PEFC，2018；Silva et al.，2019；NGP，2020)，许多国家开始注重对剩余森林的可持续经营以及对原生林地的恢复和加强(Yamagawa et al.，2010；Mason，2007；Spracklen et al.，2013)，越来越多的政策和私人倡议也呼吁恢复被人工林取代的天然林(Payn et al.，2015；FSC，2015；PEFC，2018；Silva et al.，2019)，将人工林转型为天然林成为生物多样性保护和森林可持续经营关注的热点。

近几十年来，一些研究者对单一树种人工林向天然林的转型进行了探讨。在转型方式上，皆伐、以种植和播种作为补充的持续覆盖系统及天然更新(Mosandl et al.，1998；Ammer et al.，2002；Brunner，2002；Spiecker et al.，2004；Lüpke et al.，2004；Löf et al.，2005；Madsen et al.，2005；Dobrowolska，2006；Ammer et al.，2007；Wagner et al.，2011)是广泛应用的转型途径。对具备乡土树种种源的地区，皆伐可以作为建立乡土树种的有效途径(Spracklen et al.，2013)，而在容易遭受风灾或需要依靠木材销售获得利益的地区，皆伐可能是唯一可行的办法，但也有研究表明皆伐人工林木对后续植被演替产生不利影响，主张采取逐步清除人工林木的转型方式(Paul 和 et al.，2009；Brown et al.，2015)。相对于天然更新方法来说，人工补植被认为是一种能加速恢复进程的更积极主动的恢复或转型方式(Zerbe et al.，2007)，在人工林下引入阔叶树种是目前最常见的转型做法(Heinrichs et al.，

2009；Felton et al.，2010；Gavinet et al.，2015；Kremer et al.，2021），但这种转型方式的成功与否很大程度上取决于所引入的树种及其对当地气候和环境的适应性（Padilla et al.，2009；Vallejo et al.，2012；Souza et al.，2020），且往往需要更高的成本（Crouzeilles et al.，2017）。在一些地区的研究表明，天然更新可能是更值得推荐的方式，如在热带森林的恢复中，天然更新的生态恢复成功率要高于主动恢复（Crouzeilles et al.，2017），可作为实施大规模森林和景观恢复的有效工具（Chazdon et al.，2016）；对英国南部遭受严重风暴影响的人工针叶林的研究也表明针叶树人工林的转型应以干扰最小的方式逐步进行，这种依靠天然更新的转型方式也与英国现行的指导方针一致（Harmer et al.，2009；Thompson et al.，2003）。

除对转型方式的探讨外，国内外学者对转型过程中林分内乡土树种天然更新的生长、物种多样性、结构和动态变化等方面也进行了一些研究（Zerbe，2002；Arévaloet al.，2005；Lee et al.，2005；Spracklen et al.，2013；蔡道雄等，2007；Jacob et al.，2017；Yamagawa et al.，2010）。平亮等（2009）对封育11年后的桉树人工林的研究表明，桉树林下已出现物种多样性丰富的本地乔木和灌木树种的天然更新，且群落中已经出现丝栗栲（*Castanopsis fargesii*）和米槠（*Castanopsis carlesii*）等演替后期种并能自然更新形成稳定种群；对南亚热带马尾松转型常绿阔叶林的研究表明，封育10年后马尾松林下形成了以喜光树种为主、高2~3 m的灌木层（王希华等，2001）；Onaindia et al.（2013）对不同人工林下乡土树种天然更新的研究表明不同人工林下的物种组成存在显著差异，但随着演替的进行这种差异逐渐减小。尽管对人工林转型天然林已经有较多研究，但目前报道的转型成的混交林大多处于以栽培种为主体的半天然状态，将人工林转型为地带性植被类型的天然林尚未见报道。

1.2　人工林下天然更新研究进展

林下更新是未来林分内林木的重要来源之一，良好、持续的天然更新是森林可持续经营的前提，林下更新的数量、组成和空间格局都会对未来林分的结构和动态产生影响。目前，对人工林下天然更新已有不少研究，主要集中在林下更新幼树幼苗的数量特征、生长分布格局及动态研究、影响林下更新的因素等（罗梅等，2016；张小鹏等，2018）。不同林分内林下更新的分布格局和影响因素有所差异，农友等（2017）对降香黄檀（*Dalbergia odorifera*）人工林下天然更新的研究表明，林下降香黄檀更新幼树以随机分布为主，且草本个体数对更新幼苗幼树的影响最大；对冀北山地油松（*Pinus tabuliformis*）人工林天然更新的研究则表明林下更新幼树呈聚集分布，微地形是影响更新幼树株数密度的主要因子（刘铁岩等，2017）。

不同采伐方式对森林造成不同程度的干扰，采伐通过打开林冠开口影响林下光热条件，导致林下微环境因子发生很大变化，进而影响林下植被多样性、更新和生长（Roberge，1977；韩景军等，2000；Seiwa et al.，2012；Zhu et al.，2010；Ares et al.，2010；Archer et al.，2007；程瑞梅等，2018；赵来顺等，2000）。不同采伐方式对天然更新的影响不同，对南亚热带米老排（*Mytilaria laosensis*）人工林的研究表明，3种采伐方式（带状皆伐、沿顺坡方向带式渐伐、皆伐）下林分内幼树的更新效果均可达到良级标准，且采伐方式对幼树的空间分布影响不明显(唐继新等，2020)；黄世能等(1994)进行了不同采伐方式(隔行采伐、皆伐)对大叶相思(*Acacia auriculiformis*)林萌芽更新效果的影响试验，结果表明采伐方式对萌芽率、萌条数量和存活率均无显著影响，但对萌条径和高生长的影响极为显著；Prévost et al.(2015)对加拿大黄桦(*Betula alleghaniensis*)针叶混交林进行了单株择伐(<100 m²)、多个小群团择伐(100~300 m²)、单个大群团择伐(700 m²)和对照对更新影响的采伐实验，结果显示多个小群团择伐方法是保持黄桦和针叶树物种的最佳选择。

1.3　半天然林研究进展

天然性或自然程度是重要的森林要素之一，通常用森林自然度表示。自然度作为反映林分质量和生态状况的重要指标，在近自然经营、植被恢复和重建、多样性监测、森林现状评价和森林经营计划制订等方面被广泛应用。目前，对于森林自然度的定义大体可分为两类：一是基于现实林分状态，将森林自然度表示为当前森林群落植被与该地区原始森林植被之间的差异程度(王丽丽等，1994；文昌宇等，2006；刘宪钊等，2015)；二是从人为干扰的角度，认为森林自然度是人类对现实森林的影响程度。从生态学角度看，森林天然性或自然程度即现实林分与原始林在种的组成和生态过程方面的吻合程度(沈照仁，2003)。在林分层面，根据森林自然度评价指标可对林分进行自然度等级评价并命名，但目前不同国家、组织或学者对自然度等级的划分方法或标准尚未统一，各自然度等级对应的名称术语也不一致。彭舜磊等(2008)借鉴德国近自然评价体系，将自然度划分为近自然、半自然、远天然、近人工和人工5个等级；何明月（2009）根据自然度值将林分自然度划分为6级，由高到低分别为自然群落、近自然群落、中间群落、先锋群落、退化林和非自然林；吴银莲等（2010）建议采用5级分类，按自然度由高到低依次命名为自然林、近自然林、半自然林、退化自然林和人工林；Buchwald（2005）将自然度等级分为14级，并给出了每个自然度等级对应的名称术语解释。

从森林自然度等级来看，半天然林的自然度在最高等级和最低等级之间，是介于天然林（原始天然林）与人工林之间的重要森林类型，但在不同国家、组织甚至进程内对其定义及范围的理解仍有不同。Buchwald（2005）总结了共计46个不同国家、组织和进程在森林自然度等级中使用的名称术语，其中半天然林出现11次，与其提出的14等级自然度对照后发现，半天然林几乎用于除p2（外来树种人工林）等级外的任何自然度等级。沈照仁（2003）认为未遭人类破坏的森林即为"原始天然林"，而现实林分状况不符合原始天然林的严格定义的森林，即使很像天然林且仅有极少的人为育林干预也只能称为半天然林。赫尔辛基进程中对半天然林的定义为：主要由非人工种植的乡土乔木和灌木组成的林分，也包括由于地理位置和立地质量（如在山区）不适合集约开发或以生产为导向的管理而逐渐或偶然形成的森林。联合国粮食及农业组织（FAO）协调森林有关定义以供各种利益相关者之使用的第二次相关会议对半天然林的定义包括：①半天然林通常意指被管理的天然林，随着时间的推移呈现许多天然的特征（如冠层的分层、丰富的物种多样性、无规律的林间距等）；②随着时间的流逝，获得了较多天然特征的人工林(如在年龄和乡土树种天然更新方面呈现多样化的被放弃管理的人工林)也可归入半天然林类型;③半天然林是指通过造林和人工促进天然更新方式经营与调整后的森林(FAO，2002)。

目前，国内外对半天然林的研究报道较少，研究内容涉及林分的形成发育、树种组成和物种多样性、空间格局、群落结构、碳储量等方面(陈存及等，2002;Ghalandarayeshi et al.，2017;Grotti et al.，2019;Nord-Larsen et al.，2019)。陈存及等(1996)分析了福建三明半天然杉阔混交林的形成与发育过程，揭示了不同途径下形成的半天然林在林分结构(树种组成、年龄与径级结构、层性等)方面的差异;庄树宏等(1999)研究了昆嵛山老杨坟阳坡和阴坡半天然植物群落的生态学特征;曹光球等(2002)采用 7 种聚集强度指标研究了虎头山半天然杉阔混交林中杉木及其伴生树种的种群空间格局;张会儒等(2009)使用 3 个林分空间结构参数(角尺度、混角度和大小比数)对比分析了金沟岭林场原始天然混交林和半天然落叶松云冷杉混交林的空间结构差异;Mason et al. (2007)研究了苏格兰北部半天然欧洲赤松(*Pinus sylvestris*)林的空间结构，并与赤松人工林进行对比;Xiang et al. (2016)以半天然落叶松云冷杉林为研究对象，构建了与立地质量、气候和竞争相关的林分进界模型;杨梅等(2008;2004)对比研究了不同立地条件下杉木马尾松半天然混交林的物种多样性、群落结构、多度分布及建群种的生长状况;施华力(2011)研究了不同坡向、坡位和坡形下的杉木马尾松半天然混交林的蓄积量特征。

1.4   人促更新与人促阔叶林研究进展

森林更新是实现森林资源再生产的一个自然的生物学过程，影响着森林群落的物种组成、结构和动态变化，是森林持续发展与利用的基础(李小双等，2007；孟晓光等，2007；沈国舫，2001；程瑞梅等，2018)。广义上的森林更新可以理解为森林生态系统的更新，但在林业实践中，常看成是林木的更新(黄清麟，1998b)。沈国舫(2001)认为森林更新是指天然林或人工林经过采伐、火烧或因其他自然灾害而消失后，在这些迹地上以自然力或人为的方法重新恢复森林的过程；姚延梼(2016)将森林更新定义为在林冠下或采伐迹地、火烧迹地、林中空地上利用人力或自然力重新形成的过程；陈祥伟等(2005)定义森林更新为以自然力或人为力重新形成森林的过程；陈永富等(2017)提出森林更新也可以理解为森林因采伐、火烧、枯倒及其他人为干扰、自然灾害消失后，在其迹地上借助于自然力或人力恢复森林的过程。尽管以上关于森林更新的定义稍有不同，但都涉及以下两个方面：一是在自然或人为干扰下原有森林植被的消失，二是在原有植被消失的地段通过自然或人工的手段重新恢复或形成新的森林。根据种源、起源、主伐方式等的不同可将森林更新进一步区分，从森林主伐方式上可将森林更新分为森林皆伐更新(伐后更新)、择伐更新(伐前更新)和渐伐更新(伐中更新)，按种源不同可分为有性更新和无性更新，按起源可分为天然更新、人工更新和人工促进天然更新(姚延梼，2016；黄清麟，1998b；沈国舫，2001；陈永富等，2017)。

　　人工促进天然更新，简称人促更新，指以天然更新为主、人工促进措施为辅的天然更新(黄清麟，1998b)，即在天然更新的过程中，增加一些人为辅助措施(如人工补播补植、火烧清理等)以弥补天然更新过程中的不足。我国人工促进天然更新可分为广义人工促进天然更新和狭义人工促进天然更新，二者的适用对象及采取的措施有所区别，其中广义人工促进天然更新主要用于荒山、荒地、采伐迹地等，采取的措施主要有人工播种、抚育等，而狭义人工促进天然更新主要应用在有天然下种能力、但缺少必要天然更新条件的采伐迹地上(程中倩等，2018)，采取的措施有土壤改良等。目前，人工促进天然更新的主要措施有抚育间伐、林分改造、封山育林和封禁保护、补播补植等。与传统的植苗造林相比，人工促进天然更新的成林培育期更短，可以快速且有效地实现退化林地向高产林地的转化，形成的林分通常具有更丰富的物种多样性，此外，人工促进天然更新还具有低投入、高收益、易于实施推广等特点，经济效果、生态效果和社会效益明显(林敬德，1996；程中倩等，2018；贾忠彪等，2014；Shono et al.，2007；王国森，2014；黄清麟，1998b；Yang et al.，2018；Spirovska Kono et al.，2009；胡双成等，2015)。

　　在林业工程实施中，人工促进天然更新具有重要地位，常用于景观恢复、退化林地恢复、低产林改造等(Hardwick et al.，1997；Dugan et al.，2003；Pathak et al.，2004；Shono et al.，2007；Evans et al.，2015；王绪高，2006；李嘉悦，2019)。应用伐后更新、人工改造等措施可以促进地带性残次阔叶林的更新，有利于恢复稳定的地带性阔叶林复合生态系统(胡明芳等，2002)。人工促进天然更新也是提高阔叶林更新质量的重要环节(李元红，1985)，在福建地区利用人工促进天然更新方法已成功培育具有高生产力和较为丰富的物种多样性的短伐期闽粤栲(*Castanopsis fissa*)林、短伐期米槠林、短伐期丝栗栲林和阔叶树纸浆速生丰产林，这些林分不仅具有高经济效益，同时还能发挥较大的生态效益(李元红等，1992；黄清麟等，2000a)。人工促进天然更新与其他措施的对比或不同人工促进天然更新措施间的对比评价也是研究热点之一(吴鹊兴等，1991；Abella et al.，2019；Shono et al.，2007)，谢裕红(2014)对比分析了将乐县马尾松阔叶混交林 3 种更新方式(天然更新、人工促进天然更新、人工营造杉木林)下的林分恢复状况，结果表明采用天然更新和人工促进天然更新形成的阔叶林树种多样，结构稳定且生长良好；Uebel et al. (2017)以遭受严重破坏后的亚热带雨林为对象，对比研究了实施 3 种不同处理方式(放牧、禁止放牧、禁止放牧且加以人工促进天然更新)一定年限后的森林恢复状况，结果表明人工促进天然更新能产生额外的生态效益，可作为亚热带地区森林恢复的一种低成本、高收益的手段；Belem et al. (2017)研究了与围栏保护相结合的人工促进天然更新措施对植被恢复的影响，结果表明围栏内的物种多样性及林木株数显著高于围栏外，利用人工促进天然更新结合围栏保护能达到生物多样性保护的目的。此外，也有研究者基于传统人工促进天然更新方式提出了新的促更方式，完善和补充了人工促进天然更新理论和技术(徐茂坤等，2006)。

人促阔叶林是指天然阔叶林皆伐后通过人工促进天然更新形成的天然阔叶林(黄清麟等，1999a)。目前，对人促阔叶林的研究涉及林分生长、物种多样性、林分生产力、凋落物、碳贮量分配、与人工林或伐前林分的对比评价等（黄清麟，1998b；黄清麟等，1999b；黄清麟等，2000b；邱仁辉等，2001；吴擢溪，2006；张晓红等，2010；杨蓉，2011；郑双全，2017）。人促阔叶林具有较高的生产力和生物多样性，黄清麟等（1992）对福建顺昌人促米槠林和人促闽粤栲速生丰产林的研究表明，两片林分均具有较高的生长量，是较为典型的阔叶速生丰产林；林长青等（1996）对常绿阔叶林迹地通过两种更新方式（人工促进天然更新、人工造林杉木林）形成的不同群落的生产力的对比研究也表明，人工促进天然更新形成的群落的生产力和经济效益均远高于杉木人工林。与人工林或伐前林分相比，人促阔叶林在株数密度、物种多样性等方面表现更好，永安市 2.5 年生人促阔叶林的株数密度、物种多样性等显著高于伐前林分，且林木高径比大（苏玉梅，2009）；李丽红（2012）以杉木人工林为参照，分析了福建三明人促米槠林乔木层的碳贮量及其分配特点，结果表明人促天然更新有利于保持乔木层树种多样性且人促米槠林的碳贮量远大于杉木人工林。

第 2 章　研究区概况与数据收集

2.1　研究区概况

　　研究区位于福建省永安市。永安市隶属于福建省三明市，因境内九龙溪与巴溪于城西汇合，形似燕尾，故又名"燕城"。永安地处福建中部偏西，地理位置为 116°56′~117°47′E，25°33′~26°12′N，东靠大田县，西邻连城县，北与明溪县和三元区接壤，南毗漳平市，东西宽 82 km，南北长 71 km，总面积 2 931 km²。

　　永安市气候类型属中亚热带海洋性季风气候，同时兼具一定的大陆性气候特点，气候温和、四季分明，雨量充沛，年均气温 14.3~19.2℃，1 月为最冷月，平均气温 4~9℃，极端低温可达−7.6℃，7 月为最热月，平均气温 20~21℃，极端高温可达 40.5℃，年均降水量 1 490~2 050 mm，年平均降雨日数 130~169 d，无霜期 250~302 d。

　　永安市境内地形地貌复杂，东部和西部属戴云山脉，西北部属武夷山脉的东南坡，整体地势东、西、南三面高，中部低，海拔相对高差较大，最大高差可达 1 555.7 m，地貌类型主要有山地、丘陵、山间盆谷和平原四大类，地貌特征可概括为"九山半水半分田"。境内主要成土母质有花岗岩、砂砾岩、页岩和石灰岩等岩种，主要土壤类型为红壤、黄壤和水稻土等。

　　永安市植物资源丰富，1985 年永安市林业区划调查组初步调查统计表明，全市共有维管植物 157 科 437 属 830 种，其中被子植物有 668 种(隶属于 109 科 325 属)，裸子植物有 32 种(隶属于 9 科 20 属)，蕨类植物有 42 种(隶属于 21 科 30 属)，竹类有 28 种。木本植物中常见的乔木树种有黄山松(*Pinus taiwanensis*)、马尾松、杉木、柳杉(*Cryptomeria fortunei*)等，常见的灌木树种有赤楠(*Syzygium buxifolium*)、黄瑞木(*Adinandra millettii*)和山矾(*Symplocos sumuntia*)等。永安市森林资源集存量大，截至 2021 年 9 月，永安市森林覆盖率达 82.85%，全市共有森林面积 364.22 万亩，森林蓄积量(乔木林分) $2\,716\times10^4\ \mathrm{m}^3$ ，天然林面积和蓄积量分别为 211.38 万亩和 $1\,898.31\times10^4\ \mathrm{m}^3$ ，人工林面积和蓄积量分别为 163.96 万亩和 $1\,020.75\times10^4\ \mathrm{m}^3$ ，主要人工林类型有松杉阔混交林、杉木林、松阔混交林和杉松混交林等。

2.2　数据收集

2.2.1　马尾松样地设置与调查

　　在福建省永安市西洋镇岭头村 58 林班 15 大班 5 小班(Ⅰ类地、南坡向、中坡位、平均坡度 20°、海拔 680~745 m)的 24 年生马尾松人工林内，设置 1 块 160 m×50 m 样地。将样地划分为 8 个 20 m×50 m 的样带(每个样带由 10 个 10 m×10 m 的样方组成)，对 8 个样带进行 4 种采伐处理，样地设置如图 2-1

所示。由于样地长 160 m，为便于对样方编号，用 A、B 进行区分，以各样方左上角交点编号作为样方号。按图 2-1 所示分别进行 T1、CK、T2 和 T3 处理，各处理如下：

①皆伐乔木层林木(T1 处理)：伐去所有胸径≥5 cm 的林木。

②伐除乔木层马尾松和杉木(T2 处理)：仅伐去所有胸径≥5 cm 的马尾松和杉木。

③保留有限人工林木(T3 处理)：保留部分人工马尾松林木(保留密度 1 株/100 m²，即每个 10 m×10 m 样方保留 1 株马尾松)且伐去其他所有胸径≥5 cm 的林木。

④对照理(CK 处理)：对照组，不进行任何处理。

该林分源于人工营造的马尾松纯林，造林前为混生有杉木的天然阔叶林采伐迹地，造林密度 3 000 株/hm²，造林后连续 3 年每年 2 次幼林抚育，未进行过抚育间伐。2017 年 12 月进行伐前本底调查及采伐试验，T1、T2、T3 处理下伐除的林木株数密度分别为 664 株/hm²、423 株/hm² 和 694 株/hm²。将林分垂直层次划分为乔木层、灌木层和草本层，在进行本底调查时，林分乔木层、灌木层和草本层按常规理解与定义，即：乔木层指所有胸径≥5 cm 的林木组成的层次，灌木层指所有树高≥0.33 m 且胸径<5 cm 的林木组成的层次，草本层指草本植物、藤本植物、蕨类以及树高<0.33 m 的乔、灌木幼苗组成的层次。以 10 m×10 m 样方为基本单元，对样方内乔木层和灌木层林木进行每木调查，识别树种、测量胸径(灌木层林木测量地径)、树高、冠幅，并利用三角定位法对林木进行定位，利用最大受光面法(庄崇洋等，2017)对乔木层林木进行林层划分，确定每株林木所属林层。在每个样方内设置 2 个 2 m×2 m 草本层小样方(样地顶部和底部两行边缘样方只设 1 个小样

方），共计设置 128 个草本层小样方。对小样方内的草本植物
及苗高<0.33 m 的乔木幼苗和灌木幼苗（草本层个体）进行调
查，识别物种、测量高度及其位置等。

分别于 2018 年、2019 年和 2020 年 12 月进行乔木层、灌
木层和草本层复测，复测内容包括记录林木存活状态，测量胸
径（若有）、树高等，同时对新增幼树幼苗进行挂牌，识别树
种并测量地径、胸径（若有）、树高等。

2.2.2 桉树样地设置与调查

邓恩桉和巨桉人工林样地分别位于福建省永安市西洋镇岭
头村 65 林班 4 大班 4 小班（Ⅱ类地，南坡向，中上部坡位，海
拔 690~755 m）和 65 林班 4 大班 8 小班（Ⅱ类地，南坡向，中
上部坡位，平均坡度 20°，海拔 710~830 m）。2017 年年底在
邓恩桉和巨桉林分内各设置 3 块 20 m×20 m 样地，2018 年 3
月进行第一次调查，将每块样地分割成 4 个 10 m×10 m 样方，
利用最大受光面法划分林层，对每个样方中乔木层林木进行每
木调查，记录种名、测量胸径、树高（用测高杆和测高器测
量）、冠幅和枝下高。在每块样地内选择 1 个有代表性的样方，
对树高≥0.33 m 且未达乔木层林木标准的所有灌木层林木（包
括乔木幼树和灌木）进行每木调查，记录种名、测量胸径（若
有）、树高、冠幅和枝下高。在每块样地中心设 1 个 4 m×4 m
的小样方进行草本层（包括乔灌木幼苗和草本）调查，对于草
本植物，记录种名、测量高度、估测盖度；对于乔灌木幼苗，
记录种名，测量地径和高度。分别于 2019 年 3 月、2020 年 3
月和 2021 年 1 月对样地进行复测，同时对新增幼树幼苗进行
挂牌并测量地径、胸径和树高等。

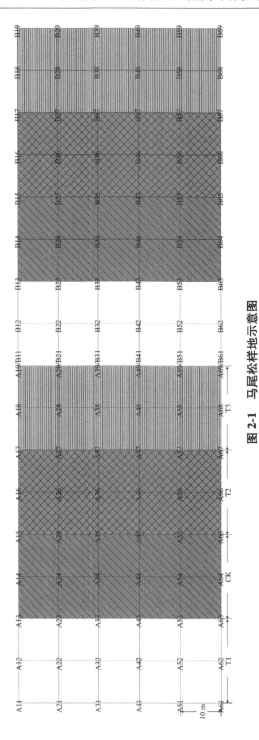

图 2-1　马尾松样地示意图

Fig. 2-1　Diagram of the sample plots for *Pinus massoniana*

　　邓恩桉人工林于 2010 年造林，造林密度 1 110 株/hm²，巨桉人工林于 2004 年造林，造林密度 1 950 株/hm²，前茬林分均为人促阔叶林，且造林前均未经炼山，并均分别于造林当年和次年进行每年 2 次的幼林抚育。2011 年 12 月，邓恩桉和巨桉人工林遭受严重低温冻害后枯死；2012 年 3 月，对邓恩桉人工林进行截干萌芽更新，截干后未对该林分进行过抚育等形式的人为干预；2015 年 12 月，邓恩桉林分再次遭受严重低温冻害而全部枯死。对于巨桉人工林，在 2011 年 12 月冻害后未对该林分进行截干萌芽或采伐利用等任何经营活动，2012 年年初，约 1/3 的巨桉枯死木根茎处重新长出萌条，2015 年 12 月再次遭受严重低温冻害，2011 年冻害后长出的 4 年生巨桉萌条全部枯死，此后基本没有再长出萌条。2016 年 1 月起将两片人工林作为试验研究对象，不进行人工改造等任何形式的人为活动，只进行封育观测。

第3章 伐前马尾松人工林特征

本章分析了伐前马尾松人工林树种组成与多样性特征以及林分直径分布特征。

3.1 数据整理

本章采用马尾松样地 2017 年本底调查数据研究伐前马尾松人工林特征。在研究伐前林分特征时，乔木层和灌木层按常规理解与定义，即乔木层由林分内所有胸径≥5 cm 的林木组成，灌木层由林分内所有树高≥0.33 m 且胸径<5 cm 的林木组成。对于乔木层，依据最大受光面法（庄崇洋等，2017）划分乔木亚层，乔木层第 I 亚层和第 II 亚层的临界高度为 12.6 m。在研究伐前林分直径分布时，将马尾松大样地分割成 10 块 80 m×10 m 样地，分别记为样地 1~10，其中 1~5 号样地分别对应图 2-1 中的 A51~A58、A41~A48、A31~A38、A21~A28 和 A11~A18 样方，6~10 号样地分别对应 B51~B58、B41~B48、B31~B38、B21~B28 和 B11~B18 样方。根据福建省主要树种二元材积表计算林分蓄积量，以 2 cm 为径阶距进行径阶整化，以样地为单元区分林层进行全林和各亚层的直径分布拟合，各样地概况见表 3-1，各样地各林层直径数据概况见表 3-2。

表 3-1　用于直径分布研究的各样地概况

Tab. 3-1 Basic conditions of sample plotsfor diameter distribution research

样地号	密度 （株/hm²）	蓄积量 （m³/hm²）	平均胸径 （cm）
1	3 238	294. 53	12. 7
2	2 938	293. 62	13. 1
3	2 725	305. 42	13. 8
4	1 950	206. 88	13. 5
5	2 375	205. 03	12. 5
6	2 513	246. 89	13. 1
7	3 025	279. 54	12. 8
8	2 963	283. 96	13. 0
9	2 738	290. 41	13. 6
10	2 338	196. 56	12. 5

表 3-2　用于直径分布研究的各样地各林层直径数据

Tab. 3-2 *DBH* of each sample plot and storey for diameter distribution research

样地号	层属	胸径（cm）			标准差	变异系数 （%）
		最小值	均值	最大值		
1	全林	5. 0	12. 7	24. 4	5. 14	40. 59
	第Ⅰ亚层	6. 3	15. 7	24. 4	4. 26	27. 16
	第Ⅱ亚层	5. 0	7. 6	12. 9	1. 96	25. 68
2	全林	5. 0	13. 1	26. 5	5. 04	38. 62
	第Ⅰ亚层	5. 8	15. 0	26. 5	4. 68	31. 23
	第Ⅱ亚层	5. 0	8. 01	13. 1	2. 11	26. 28
3	全林	5. 0	13. 8	27. 1	5. 48	39. 70
	第Ⅰ亚层	6. 5	16. 2	27. 1	4. 64	28. 53
	第Ⅱ亚层	5. 0	7. 7	13. 5	1. 87	24. 20
4	全林	5. 0	13. 5	29. 5	6. 11	45. 13
	第Ⅰ亚层	5. 3	16. 9	29. 5	5. 90	34. 88
	第Ⅱ亚层	5. 0	8. 2	14. 6	2. 47	30. 11

（续）

样地号	层属	胸径（cm）			标准差	变异系数（%）
		最小值	均值	最大值		
5	全林	5.0	12.5	26.4	5.31	42.61
	第Ⅰ亚层	5.0	16.1	26.4	4.96	30.88
	第Ⅱ亚层	5.0	8.2	15.4	2.34	28.69
6	全林	5.0	13.1	24.5	5.10	38.97
	第Ⅰ亚层	6.7	15.5	24.5	4.36	28.09
	第Ⅱ亚层	5.0	8.1	15.1	2.40	29.60
7	全林	5.0	12.8	24.8	4.97	38.93
	第Ⅰ亚层	6.1	15.5	24.8	4.13	26.70
	第Ⅱ亚层	5.0	8.0	15.2	2.33	29.00
8	全林	5.0	13.0	24.4	4.88	37.50
	第Ⅰ亚层	7.3	15.3	24.4	4.03	26.30
	第Ⅱ亚层	5.0	8.4	16.3	2.67	31.90
9	全林	5.0	13.6	28.4	5.51	40.62
	第Ⅰ亚层	5.3	16.4	28.4	4.58	27.91
	第Ⅱ亚层	5.0	8.3	16.0	2.63	31.76
10	全林	5.0	12.5	28.2	5.02	40.22
	第Ⅰ亚层	6.3	15.7	28.2	5.00	31.97
	第Ⅱ亚层	5.0	9.2	17.7	2.96	32.19

3.2　研究方法

采用最大受光面法划分林层，从林分生长、树种组成和多样性两个方面分析伐前马尾松人工林特征，并区分林层研究全林分与各林层的直径分布特点。

3.2.1　林分生长和多样性指标

林分生长指标包括林分主要测树因子（株数密度、平均胸径、平均高、单位面积蓄积量等)以及林分结构(直径和树高结构)。采用物种丰富度、物种多样性指数、均匀度、生态优势度等指标反映物种多样性。物种丰富度用群落中物种的数目(S)来表示；Shannon-Wiener 指数(SW)表示物种多样性；物种均匀度(E)采用 Shannon-Wiener 均匀度，表示样地内各个种多度的均匀度，即各个种个体数之间的差异；生态优势度(ED)采用 Simpson 生态优势度指数(王伯荪，1996)。各指标计算公式如下：

$$SW = - \sum_{i=1}^{S} P_i \log_2 P_i \tag{3-1}$$

$$E = SW/\log_2 S \tag{3-2}$$

$$ED = \sum_{i=1}^{S} n_i(n_i - 1) / [N(N - 1)] \tag{3-3}$$

式中：S 为物种数；P_i 为第 i 个种的个体数占总数的百分数；n_i 为第 i 个物种的个体数；N 为样地全部个体总数。

用物种重要值(IV)来研究某个物种在群落中的地位及作用，计算公式如下：

$$IV_i = (RA_i + RF_i + RD_i)/3 \tag{3-4}$$

$$RA_i = \frac{n_i}{N} \times 100\% \tag{3-5}$$

$$RF_i = \frac{F_i}{F} \times 100\% \tag{3-6}$$

$$RD_i = \frac{G_i}{G} \times 100\% \tag{3-7}$$

式中：IV_i 表示物种 i 的重要值；RA_i 为相对多度；RF_i 为相对频度；RD_i 为相对优势度；n_i 为物种 i 的个体数；N 为所有物种的总株数；F_i 为 物种 i 的频度，F 为所有物种的频度和；G_i

为物种 i 的断面积；G 为所有物种的总断面积。

需要注意的是，在计算伐前林分灌木层树种的重要值时用地径代替胸径计算相对优势度，考虑到在进行采伐措施后形成的新林分年龄较小，在划分林层后乔木层和灌木层中均有相当比例的林木树高尚未达到 1.3 m，因此在计算新林分的乔木层及灌木层树种的重要值时，用树高代替胸径计算其相对优势度。

3.2.2　直径分布研究方法

伐前马尾松林分及林层直径分布研究采用 Shapiro-Wilk 检验(S-W 检验)对各样地各林层的直径分布进行正态性检验，利用偏度(SK)和峰度(KT)系数描述直径分布的偏离程度和离散程度，参考前人的研究，选用三参数 Weibull 分布、Meyer 负指数函数对各样地各林层直径分布进行拟合，用 χ^2 检验法对拟合效果进行检验，各方法介绍如下：

（1）Shapiro-Wilk 检验

利用 Shapiro-Wilk 法对各样地各林层的直径分布进行正态性检验，其统计假设为 H_0：样本来自正态分布的总体；H_1：样本来自非正态分布的总体。在利用该方法进行检验时，首先将样本按大小值升序排列，然后计算统计量 W，将计算统计量 W 与临界值 $W_{\alpha[n]}$ 比较，若计算值小于临界值，则拒绝原假设 H_0。统计量 W 计算公式如下：

$$W = \frac{\left\{ \sum_{i=1}^{\left[\frac{n}{2}\right]} a_i(W) \left[x_{n+1-i} - x_i \right] \right\}^2}{\sum_{i=1}^{n} (x_i - \bar{x})^2} \tag{3-8}$$

式中：n 为样本量；$\bar{x}$ 表示样本均值；$a_i(W)$ 可查表获得；

$\left[\dfrac{n}{2}\right]$ 表示数 $n/2$ 的整数部分。

（2）偏度与峰度

偏度（SK）和峰度（KT）系数是描述数据分布形态的统计量。偏度体现数据分布的对称性或拖尾程度，偏度小于 0 表示为左偏（负偏态），即绝大多数值位于平均值的右侧；偏度大于 0 表示为右偏（正偏态），绝大多数值位于平均值的左侧；偏度为 0 表示数据关于均值对称分布。峰度体现数据分布的陡峭程度，峰度小于 0 表示为低峰态，即数据分布比较分散；峰度大于 0 为尖峰态，即数据分布比较集中。理想正态分布的偏度和峰度系数都为 0，偏度和峰度系数绝对值越小，表示数据分布越接近于正态分布。二者的计算公式如下：

$$SK = \frac{n}{(n-1)(n-2)} \sum_{i=1}^{n} \left(\frac{x_i - \bar{x}}{S}\right)^3 \tag{3-9}$$

$$KT = \left[\frac{n(n-1)}{(n-1)(n-2)(n-3)} \sum_{i=1}^{n} \left(\frac{x_i - \bar{x}}{S}\right)^4\right]$$
$$- \frac{3(n-1)^2}{(n-2)(n-3)} \tag{3-10}$$

式中：n 为样地林木株数；x_i 为第 i 株林木的胸径；$\bar{x}$ 为林分算术平均胸径；S 为胸径标准差。

（3）直径分布函数

选用三参数 Weibull 分布和 Meyer 负指数函数拟合各林层直径分布，各分布函数计算公式如下：

①Weibull 分布密度函数。

$$f(x) = \begin{cases} 0 & (x \leqslant a) \\ \dfrac{c}{b}\left(\dfrac{x-a}{b}\right)^{c-1} \exp\left[-\left(\dfrac{x-a}{b}\right)^c\right] & (x>a, b>0, c>0) \end{cases} \tag{3-11}$$

式中：a 为位置参数；b 为尺度参数；c 为形状参数。

②Meyer 负指数函数。

$$Y = Ke^{-ax} \tag{3-12}$$

式中：Y 为每个径阶的林木株数；x 为径阶；e 为自然对数的底；a，K 为直径分布特征的常数。

（4）χ^2 检验

根据不同分布函数求得的理论株数，计算卡方检验值 χ^2 作为不同分布函数拟合效果的检验标准。χ^2 值计算公式如下：

$$\chi^2 = \sum_{i=1}^{m} \frac{(n_i - \hat{n}_i)^2}{\hat{n}_i} \tag{3-13}$$

式中：m 为径阶数；n_i 为第 i 径阶实际株数；$\hat{n}_i$ 为第 i 径阶理论株数；χ^2 自由度为 $m - k - 1$，k 为参数个数。

3.3　伐前马尾松人工林树种组成与多样性

3.3.1　林分主要测树因子

乔木层和各亚层的主要测树因子见表 3-3。林分株数密度为 2 686 株/hm²，平均胸径 13.1 cm，平均高 15.5 m，单位蓄积量为 264.8 m³/hm²。从起源来看，林分以实生林木为主，实生个体的株数密度为 1 985 株/hm²，占全林株数的 73.90%，平均胸径 14.1 cm，平均高 16.4 m，单位面积蓄积量为 230.9 m³/hm²，蓄积量占比为 87.20%；萌生个体以杉木、青冈栎（*Cyclobalanopsis glauca*）为主，株数密度为 701 株/hm²，占全林株数的 26.10%，平均胸径 10.1 cm，平均高 11.0 m，单位面积蓄积量为 33.9 m³/hm²，蓄积量占比为 12.80%。区分林层来看，第 I 亚层的株数密度为 1 529 株/hm²，平均胸径和平

均高分别为 15.9 cm 和 16.9 m，第 Ⅱ 亚层的株数密度为 1 157
株/hm²，平均胸径和平均高分别为 8.2 cm 和 8.8 m。蓄积量
集中于第 Ⅰ 亚层，其单位面积蓄积量占全林的 88.62%。林分
直径分布如图 3-1 所示，直径结构呈反"J"形，表现为异龄林
直径结构特征。

表 3-3　伐前马尾松人工林主要调查因子

Tab. 3-3 Main inventory factors of the *Pinus massoniana* plantation before cutting

层属	密度 （株/hm²）	平均胸径 （cm）	平均高 （m）	单位面积蓄积量 （m³/hm²）
乔木层	2 686	13.1	15.5	264.8
第 Ⅰ 亚层	1 529	15.9	16.9	234.7
第 Ⅱ 亚层	1 157	8.2	8.8	30.1

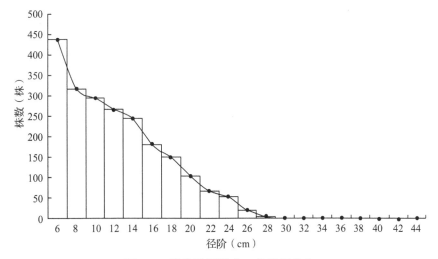

图 3-1　伐前马尾松人工林直径分布

Fig. 3-1　Diameter distribution of the *Pinus massoniana* plantation before cutting

3.3.2　乔木层树种组成与多样性

乔木层共有树种 47 种，隶属于 19 科 31 属。乔木层的 Shannon-Wiener 指数、均匀度和生态优势度分别为 2.93、0.53 和 0.26，各种的相对频度、相对多度、相对优势度及重要值见表 3-4。从树种科属分布来看，19 个科中樟科 (Lauraceae) 种类最多，共有 8 种；其次是壳斗科 (Fagaceae)，共有 7 种；山矾科 (Symplocaceae) 和山茶科 (Theaceae) 各有 5 种；有 11 科所含种数均仅有 1 种。在 47 个种中，灌木树种有 9 种，分别为细枝柃 (*Eurya loquaiana*)、细齿叶柃 (*Eurya nitida*)、山矾、黄瑞木、延平柿 (*Diospyros tsangii*)、盐肤木 (*Rhus chinensis*)、刺梨 (*Rosa laevigata*)、秤星树 (*Ilex asprella*) 和油茶 (*Camellia oleifera*)，总株数密度为 28 株/hm²，树高 2.3～15.6 m，且仅有 3 株树高超过 10 m，总相对多度、相对频度、相对优势度及重要值分别为 1.02%、3.43%、0.27% 和 1.58%。马尾松是乔木层的优势种，株数密度与造林密度相比减少到 1 038 株/hm²，但其相对多度、相对频度、相对优势度及重要值在所有树种中均最高，分别为 38.62%、14.67%、60.32% 和 37.87%；天然更新中萌生的以杉木为主，株数密度为 636 株/hm²，其相对多度、相对频度、相对优势度和重要值均仅次于马尾松，分别为 23.69%、12.19%、14.67% 和 16.85%；阔叶树总株数密度为 1 013 株/hm²，其中株数密度及重要值排前五的树种均为拟赤杨 (*Alniphyllum fortunei*)、檫木 (*Sassafras tzumu*)、木荷 (*Schima superba*)、赛山梅 (*Styrax confusus*) 和丝栗栲，株数密度排序为拟赤杨 (314 株/hm²)、赛山梅 (123 株/hm²)、木荷 (109 株/hm²)、檫木 (108 株/hm²)、

表 3-4　伐前马尾松人工林乔木层各树种重要值

Tab. 3-4 The important value of tree species in arbor layer of the *Pinus massoniana* plantation before cutting

序号	树种	相对多度 *RA*（%）	相对频度 *RF*（%）	相对优势度 *RD*（%）	重要值 *IV*（%）
1	马尾松 （*Pinus massoniana*）	38.62	14.67	60.32	37.87
2	杉木 （*Cunninghamia lanceolata*）	23.69	12.19	14.67	16.85
3	拟赤杨 （*Alniphyllum fortunei*）	11.68	13.71	5.80	10.40
4	檫木 （*Sassafras tzumu*）	4.00	9.33	7.70	7.01
5	木荷 （*Schima superba*）	4.05	8.95	1.74	4.91
6	赛山梅 （*Styrax confusus*）	4.56	6.48	1.12	4.05
7	丝栗栲 （*Castanopsis fargesii*）	2.37	4.18	2.45	3.00
8	枫香树 （*Liquidambar formosana*）	1.26	3.24	0.75	1.75
9	青冈栎 （*Cyclobalanopsis glauca*）	1.49	3.24	0.46	1.73
10	米槠 （*Castanopsis carlesii*）	0.74	2.10	0.70	1.18
	其他 37 个树种	7.54	21.91	4.29	11.25
	合计	100	100	100	100

注：其他 37 个树种包括大叶山矾 *Symplocos grandis*、润楠 *Machilus pingii*、福建青冈 *Cyclobalanopsis chungii*、南酸枣 *Choerospondias axillaris*、山乌桕 *Sapium discolor*、东南野桐 *Mallotus lianus*、细枝柃 *Eurya loquaiana*、千年桐 *Vernicia montana*、笔罗子 *Meliosma rigida*、光叶山矾 *Symplocos lancifolia*、大叶冬青 *Ilex latifolia*、刨花润楠 *Machilus pauhoi*、台湾冬青 *Ilex formosana*、亮叶桦 *Betula luminifera*、红楠 *Machilus thunbergii*、细齿叶柃 *Eurya nitida*、拉氏栲 *Castanopsis lamontii*、山矾 *Symplocos sumuntia*、榕叶冬青 *Ilex ficoidea*、黄瑞木 *Adinandra millettii*、黄楠 *Phoebe bournei*、少叶黄杞 *Engelhardtia fenzlii*、福建山矾 *Symplocos fukienensis*、蓝果树 *Nyssa sinensis*、薯豆 *Elaeocarpus japonicus*、香樟 *Cinnamomum camphora*、臭樟 *Cinnamomum porrectum*、延平柿 *Diospyros tsangii*、沉水樟 *Cinnamomum micranthum*、杨梅 *Myrica rubra*、密花山矾 *Symplocos congesta*、盐肤木 *Rhus chinensis*、刺梨 *Rosa laevigata*、罗浮栲 *Castanopsis faberi*、甜槠 *Castanopsis eyrei*、秤星树 *Ilex asprella*、油茶 *Camellia oleifera*。

丝栗栲（64 株/hm²），重要值排序为拟赤杨（10.40%）、檫木（7.01%）、木荷（4.91%）、赛山梅（4.05%）、丝栗栲（3.00%）。乔木层天然更新阔叶树部分(不包括马尾松和杉木)的物种丰富度、Shannon-Wiener 指数、均匀度和生态优势度分别为45、3.65、0.66 和 0.14，其物种丰富度及 Shannon-Wiener 指数均高于顺昌 30 年生人促阔叶林（黄清麟，1999），由于现实林分中人工马尾松个体数量占明显优势，其密度和单位面积蓄积量仅为 1 013 株/hm² 和 65.3 m³/hm²，远低于人促阔叶林。

3.3.3　乔木亚层树种组成与多样性

各亚层内树种的各项指标见表 3-5。第 Ⅰ 亚层共有树种 23 种，隶属于 13 科 20 属，Shannon-Wiener 指数、均匀度和生态优势度分别为 1.80、0.40 和 0.47。从株数来看，排名前五位的为马尾松（1 021 株/hm²）、拟赤杨（195 株/hm²）、杉木（115 株/hm²）、檫木（96 株/hm²）和丝栗栲（20 株/hm²），有 6 个树种仅有 1 株，分别为大叶冬青（*Ilex latifolia*）、刨花润楠（*Machilus pauhoi*）、蓝果树（*Nyssa sinensis*）、亮叶桦（*Betula luminifera*）、沉水樟（*Cinnamomum micranthum*）和细枝柃。从重要值来看，排前五位的是马尾松（55.49%）、拟赤杨（13.38%）、檫木（10.69%）、杉木（9.04%）和丝栗栲（2.00%），其中马尾松占绝对优势，不仅重要值超过 55%，且相对多度、相对频度、相对优势度分别高达 66.80%、27.40% 和 72.27%。和马尾松相比，拟赤杨和檫木的各项指标中除相对频度的差距较小外，其余各指标均有较大差距，如拟赤杨的相对多度、相对优势度分别为 12.76%、5.32%，仅为马尾松相应指标的 19.10% 和 7.23%。

第 Ⅱ 亚层共有树种 45 种，隶属于 18 科 30 属，Shannon-Wiener 指数、均匀度和生态优势度分别为 3.17、0.77 和 0.23。从株数来看，排名前五的分别为杉木（521 株/hm²）、拟赤杨（119 株/hm²）、赛山梅（95 株/hm²）、木荷（95 株/hm²）和丝栗栲（44 株/hm²），5 个种的总株数占层内总株数的 77.21%。重要值排前五位的树种与株数前五的树种相同，从大到小排序为杉木（38.84%）、拟赤杨（10.73%）、木荷（9.21%）、赛山梅（8.29%）和丝栗栲（4.26%）。除重要值和相对多度外，杉木的相对频度和相对优势度也均为亚层内最大，其余树种的相对优势度均未超过 10%，与杉木相比仍有较大差距。和杉木相比，拟赤杨和木荷的各项指标中除相对频度的差距较小外，其余各指标均有较大差距，这与受光层表现出同样的规律。与第 Ⅰ 亚层相比，第 Ⅱ 亚层具有更高的物种丰富度、Shannon-Wiener 指

表 3-5　伐前马尾松人工林乔木亚层各树种重要值

Tab. 3-5 The important value of tree species in sub-layers of the *Pinus massoniana* plantation before cutting

亚层	序号	树种	相对多度 RA（%）	相对频度 RF（%）	相对优势度 RD（%）	重要值 IV（%）
Ⅰ	1	马尾松 (*Pinus massoniana*)	66.80	27.40	72.27	55.49
	2	拟赤杨 (*Alniphyllum fortunei*)	12.76	22.06	5.32	13.38
	3	檫木 (*Sassafras tzumu*)	6.30	16.72	9.06	10.69
	4	杉木 (*Cunninghamia lanceolata*)	7.52	12.81	6.80	9.04
	5	丝栗栲 (*Castanopsis fargesii*)	1.31	2.49	2.21	2.00
		其他 18 个树种	5.31	18.50	4.34	9.40
		合计	100	100	100	100

（续）

亚层	序号	树种	相对多度 RA（%）	相对频度 RF（%）	相对优势度 RD（%）	重要值 IV（%）
Ⅱ	1	杉木 (Cunninghamia lanceolata)	45.03	17.70	53.80	38.84
	2	拟赤杨 (Alniphyllum fortunei)	10.26	13.76	8.18	10.73
	3	木荷 (Schima superba)	8.21	11.80	7.63	9.21
	4	赛山梅 (Styrax confusus)	9.94	9.27	5.67	8.29
	5	丝栗栲 (Castanopsis fargesii)	3.78	5.34	3.65	4.26
		其他 40 个树种	22.81	42.13	21.07	28.67
		合计	100	100	100	100

注：其他 18 个树种包括木荷 Schima superba、南酸枣 Choerospondias axillaris、枫香 Liquidambar formosana、赛山梅 Styrax confusus、米槠 Castanopsis carlesii、东南野桐 Mallotus lianus、山乌桕 Sapium discolor、大叶山矾 Symplocos grandis、福建青冈 Cyclobalanopsis chungii、千年桐 Vernicia montana、润楠 Machilus pingii、拉氏栲 Castanopsis lamontii、大叶冬青 Ilcx latifolia、刨花润楠 Machilus pauhoi、蓝果树 Nyssu sinensis、亮叶桦 Betula luminifera、细枝柃 Eurya loquaiana、沉水樟 Cinnamomum micranthum；其他 40 个树种包括：青冈栎 Cyclobalanopsis glauca、枫香 Liquidambar formosana、润楠 Machilus pingii、大叶山矾 Symplocos grandis、福建青冈 Cyclobalanopsis chungii、马尾松 Pinus massoniana、米槠 Castanopsis carlesii、檫木 Sassafras tzumu、细枝柃 Eurya loquaiana、山乌桕 Sapium discolor、千年桐 Vernicia montana、东南野桐 Mallotus lianus、笔罗子 Meliosma rigida、光叶山矾 Symplocos lancifolia、台湾冬青 Ilex formosana、红楠 Machilus thunbergii、大叶冬青 Ilex latifolia、细齿叶柃 Eurya nitida、刨花润楠 Machilus pauhoi、南酸枣 Choerospondias axillaris、山矾 Symplocos sumuntia、榕叶冬青 Ilex ficoidea、黄瑞木 Adinandra millettii、拉氏栲 Castanopsis lamontii、亮叶桦 Betula luminifera、黄楠 Phoebe bournei、福建山矾 Symplocos fukienensis、薯豆 Elaeocarpus japonicus、香樟 Cinnamomum camphora、少叶黄杞 Engelhardtia fenzlii、臭樟 Cinnamomum porrectum、延平柿 Diospyros tsangii、杨梅 Myrica rubra、密花山矾 Symplocos congesta、盐肤木 Rhus chinensis、刺梨 Rosa laevigata、罗浮栲 Castanopsis faberi、秤星树 Ilex asprella、甜槠 Castanopsis eyrei、油茶 Camellia oleifera。

数和均匀度，生态优势度更小，说明第Ⅱ亚层的生物多样性更
高且种内个体分布更为均匀。

3.3.4　灌木层树种组成与多样性

灌木层的株数密度为 9 650 株/hm²，共有树种 109 种，隶
属于 36 科 68 属，其 Shannon-Wiener 指数、均匀度和生态优
势度分别为 4.44、0.65 和 0.08，各树种的相对频度、相对多
度、相对优势度及重要值见表 3-6。灌木层内灌木树种的株数
密度为 3 142 株/hm²，共计 42 种，隶属于 21 科 30 属；其中山
茶科种类最多，共有 7 种；其次是紫金牛科(Myrsinaceae)有 4 种；
冬青科（Aquifoliaceae）、茜草科（Rubiaceae）、马鞭草科
(Verbenaceae)和樟科均为 3 种。灌木树种中株数排前五位的为
细枝柃、荚蒾（*Viburnum dilatatum*）、细齿叶柃、黄瑞木和茶
(*Camellia sinensis*)，株数密度分别为 1 113 株/hm²、550 株/hm²、

表 3-6　伐前马尾松人工林灌木层各树种重要值

Tab. 3-6 The important value of tree species in shrub layer of the

Pinus massoniana plantation before cutting

类型	序号	树种	相对多度 RA（%）	相对频度 RF（%）	相对优势度 RD（%）	重要值 IV（%）
灌木树种	1	细枝柃（*Eurya loquaiana*）	11.53	4.75	7.26	7.84
	2	荚蒾（*Viburnum dilatatum*）	5.70	4.53	2.01	4.08
	3	细齿叶柃（*Eurya nitida*）	3.87	2.62	2.90	3.13
	4	黄瑞木（*Adinandra millettii*）	2.18	4.46	2.21	2.95
	5	毛冬青（*Ilex pubescens*）	0.96	2.55	0.09	1.20
		其他 37 个树种	8.33	14.59	4.18	9.03

（续）

类型	序号	树种	相对多度 RA（%）	相对频度 RF（%）	相对优势度 RD（%）	重要值 IV（%）
乔木树种	1	杉木（Cunninghamia lanceolata）	21.28	4.25	20.88	15.47
	2	赛山梅（Styrax confusus）	9.56	4.89	18.87	11.10
	3	丝栗栲（Castanopsis fargesii）	6.70	5.52	5.02	5.75
	4	拟赤杨（Alniphyllum fortunei）	3.73	5.03	8.08	5.61
	5	木荷（Schima superba）	4.84	4.96	6.82	5.54
		其他 62 个树种	21.33	41.86	21.70	28.29

注：其他 37 个树种包括格药柃 *Eurya muricata*、秤星树 *Ilex asprella*、茶 *Camellia sinensis*、山胡椒 *Lindera glauca*、朱砂根 *Ardisia crenata*、山苍子 *Litsea cubeba*、香叶树 *Lindera communis*、水团花 *Adina pilulifera*、油茶 *Camellia oleifera*、狗骨柴 *Diplospora dubia*、紫珠 *Callicarpa bodinieri*、山矾 *Symplocos sumuntia*、杜茎山 *Maesa japonica*、大叶赤楠 *Syzygium buxifolium*、粗叶木 *Lasianthus chinensis*、四照花 *Dendrobenthamia elegans*、白花龙 *Styrax faberi*、大青 *Clerodendrum cyrtophyllum*、山血丹 *Ardisia punctata*、连蕊茶 *Camellia fraterna*、短尾越橘 *Vaccinium carlesii*、枇杷叶紫珠 *Callicarpa kochiana*、天仙果 *Ficus erecta* var. *beecheyana*、延平柿 *Diospyros tsangii*、矩叶鼠刺 *Itea oblonga*、盐肤木 *Rhus chinensis*、黄背越橘 *Vaccinium iteophyllum*、破布叶 *Microcos paniculata*、绿樟 *Meliosma squamulata*、三花冬青 *Ilex triflora*、吕宋荚蒾 *Viburnum luzonicum*、尖叶水丝梨 *Sycopsis dunnii*、刺梨 *Rosa laevigata*、赤楠 *Syzygium buxifolium*、酸藤果 *Embelia laeta*、琴叶榕 *Ficus pandurata*、冻绿 *Rhamnus utilis*；其他 62 个树种包括：青冈栎 *Cyclobalanopsis glauca*、大叶山矾 *SymplHJ* ＊］*ocos grandis*、米槠 *Castanopsis carlesii*、枫香 *Liquidambar formosana*、红楠 *Machilus thunbergii*、润楠 *Machilus pingii*、黄毛润楠 *Machilus chrysotricha*、虎皮楠 *Daphniphyllum oldhami*、刨花润楠 *Machilus pauhoi*、黄楠 *Phoebe bournei*、山黄皮 *Aidia cochinchinensis*、密花山矾 *Symplocos congesta*、深山含笑 *Michelia maudiae*、千年桐 *Vernicia montana*、笔罗子 *Meliosma rigida*、石栎 *Lithocarpus glaber*、木姜子 *Litsea pungens*、冬青 *Ilex chinensis*、糙叶树 *Aphananthe aspera*、东南野桐 *Mallotus lianus*、福建山樱花 *Cerasus campanulata*、马尾松 *Pinus massoniana*、树参 *Dendropanax dentiger*、罗浮栲 *Castanopsis faberi*、光叶山矾 *Symplocos lancifolia*、薯豆 *Elaeocarpus japonicus*、多穗石栎 *Lithocarpus poplystachyus*、五月茶 *Antidesma bunius*、杨梅 *Myrica rubra*、台湾冬青 *Ilex formosana*、檫木 *Sassafras tzumu*、漆树 *Toxicodendron vernicifluum*、少叶黄杞 *Engelhardtia fenzlii*、大叶冬青 *Ilex latifolia*、狭叶石笔木 *Tutcheria greeniae*、南酸枣 *Choerospondias axillaris*、刺叶野樱 *Prunus spinulosa*、福建山矾 *Symplocos fukienensis*、厚皮香 *Ternstroemia gymnanthera*、石梓 *Gmelina chinensis*、野柿 *Diospyros kaki* var.

silvestris、山乌桕 *Sapium discolor*、福建青冈 *Cyclobalanopsis chungii*、红叶树 *Helicia cochinchinensis*、广东冬青 *Ilex kwangtungensis*、石笔木 *Tutcheria championi*、凤凰润楠 *Machilus phoenicis*、黄绒润楠 *Machilus grijsii*、山樱花 *Cerasus serrulata*、香樟 *Cinnamomum camphora*、倒披针叶山矾 *Symplocos oblanceolata*、榕叶冬青 *Ilex ficoidea*、沉水樟 *Cinnamomum micranthum*、八角枫 *Alangium chinense*、无患子 *Sapindus mukorossi*、红皮树 *Styrax suberifolius*、亮叶桦 *Betula luminifera*、拉氏栲 *Castanopsis lamontii*、格氏栲 *Castanopsis kawakamii*、猴欢喜 *Sloanea sinensis*、枇杷 *Eriobotrya japonica*、杜英 *Elaeocarpus decipiens*。

374 株/hm^2、210 株/hm^2 和 169 株/hm^2。从重要值来看，层内灌木树种总重要值为 28.23%，其中有 6 个种的重要值超过 1%，分别为细枝柃（7.84%）、荚蒾（4.08%）、细齿叶柃（3.13%）、黄瑞木（2.95%）、毛冬青（1.20%）和茶（1.04%）。

灌木层中以乔木更新幼树为主，层内乔木更新幼树的株数密度为 6 508 株/hm^2，其中针叶树种乔木幼树和阔叶树种乔木幼树的株数密度分别为 2 085 株/hm^2 和 4 423 株/hm^2；层内乔木幼树共计 67 种，隶属于 27 科 43 属；樟科物种数最多，共有 11 种；其次是壳斗科，共有 9 种；山矾科、冬青科各有 5 种；有 17 科所含种数仅有 1 种。从株数来看，67 个种中超过 100 株的树种有 9 种，其株数总和为 4 394，占乔木更新幼树总量的 84.39%，占灌木层总株数的 56.91%。在所有乔木更新幼树中，杉木的株数占比最多，其株数密度达 2 054 株/hm^2，占乔木更新幼树总量的 31.55%，占灌木层总株数的 21.28%；其次为赛山梅，株数密度为 923 株/hm^2，占更新幼树总量的 14.17%，占灌木层总株数的 9.56%；第三为丝栗栲，株数密度为 646 株/hm^2，占更新幼树总量的 9.93%，占灌木层总株数的 6.70%。从重要值来看，更新幼树的总重要值为 71.77%，67 个树种中有 13 个种的重要值超过 1%，重要值排前五的为杉木（15.47%）、赛山梅（11.10%）、丝栗栲（5.75%）、拟赤杨(5.61%)和木荷(5.54%)。

3.3.5　草本层植物组成与多样性

草本层株数密度为 12 266 株/hm²，除去未识别的 4 株蕨类和 2 株藤本，其余共计 56 种，隶属于 30 科 44 属。草本层中乔木和灌木幼苗的株数占比为 62.10%，草本植物(包括藤本和蕨类)仅有 14 种，总株数密度为 7 324 株/hm²，分别为白茅(*Imperata cylindrica*)、钩藤(*Uncaria rhynchophylla*)、狗脊蕨(*Woodwardia japonica*)、花叶开唇兰(*Anoectochilus roxburghii*)、鳞始蕨(*Lindsaea odorata*)、芒萁(*Dicranopteris dichotoma*)、南五味子(*Kadsura longipedunculata*)、四棱穗莎草(*Cyperus tenuiculmis*)、乌蕨(*Stenoloma chusanum*)、五节芒(*Miscanthus floridulus*)、五味子(*Schisandra chinensis*)、五月瓜藤(*Holboellia fargesii*)、鸭跖草(*Commelina communis*)和鸢尾(*Iris tectorum*)。

3.4　伐前马尾松人工林直径分布

3.4.1　直径分布特征值及正态检验

计算各样地各林层的偏度和峰度值，并进行正态性检验，结果见表 3-7。从 S—W 检验结果来看，各样地全林的 P 值均小于 0.05，说明其直径分布均不服从正态分布，这与典型人工林的直径分布有显著区别；所有样地的第Ⅱ亚层均未通过正态性检验，第Ⅰ亚层中有 5 块样地服从正态分布。

分析林分及各亚层的偏度系数可知，所有样地各林层的偏度系数均为正值，说明直径分布曲线均为右偏，林分或亚层内

小于平均直径的林木株数较多，直径偏向小径阶；所有样地第
Ⅱ亚层的偏度系数均大于第Ⅰ亚层，说明相对于第Ⅱ亚层来说
第Ⅰ亚层的直径分布更接近于正态分布；比较各样地全林及各
亚层的偏度系数可知，除 2 号、8 号和 10 号样地外，其余样
地的全林偏度系数均介于第Ⅰ亚层与第Ⅱ亚层之间。

表 3-7　各样地直径分布偏度、峰度及 S-W 检验 *P* 值

Tab. 3-7　Skewness, kurtosis and *P* value of S-W test of diameter

distrubtion for each sample plot

样地号	层属	偏度系数 *SK*	峰度系数 *KT*	S-W 检验 *P* 值
	全林	0.60	-0.70	0.000
1	第Ⅰ亚层	0.15	-0.75	0.078*
	第Ⅱ亚层	0.83	-0.13	0.000
	全林	0.77	0.02	0.000
2	第Ⅰ亚层	0.60	-0.13	0.001
	第Ⅱ亚层	0.76	-0.48	0.000
	全林	0.59	-0.51	0.000
3	第Ⅰ亚层	0.44	-0.43	0.010
	第Ⅱ亚层	1.09	0.81	0.000
	全林	0.77	-0.41	0.000
4	第Ⅰ亚层	0.05	-0.77	0.186*
	第Ⅱ亚层	0.78	-0.18	0.000
	全林	0.91	0.01	0.000
5	第Ⅰ亚层	0.25	-0.51	0.366*
	第Ⅱ亚层	1.05	0.69	0.000
	全林	0.55	-0.56	0.000
6	第Ⅰ亚层	0.36	-0.69	0.009
	第Ⅱ亚层	0.88	0.04	0.000
	全林	0.55	-0.55	0.000
7	第Ⅰ亚层	0.30	-0.36	0.181*
	第Ⅱ亚层	1.11	0.72	0.000

（续）

样地号	层属	偏度系数 SK	峰度系数 KT	S-W 检验 P 值
	全林	0.48	-0.49	0.000
8	第Ⅰ亚层	0.50	-0.49	0.001
	第Ⅱ亚层	1.05	0.72	0.000
	全林	0.54	-0.42	0.000
9	第Ⅰ亚层	0.34	0.01	0.352*
	第Ⅱ亚层	1.06	0.43	0.000
	全林	1.05	0.95	0.000
10	第Ⅰ亚层	0.71	0.26	0.005
	第Ⅱ亚层	0.94	0.50	0.000

注：＊表示服从假设分布。

从峰度系数来看，全林中除 2 号、5 号和 10 号样地的峰度大于 0 外，其余样地的峰度均小于 0，说明大多数样地的分布曲线呈低峰态，直径分布比较分散；除 1 号、4 号和 6 号样地外，其余样地第Ⅱ亚层的峰度绝对值均大于第Ⅰ亚层峰度绝对值；比较各样地全林及各亚层的峰度系数可知，除 2 号、5 号和 10 号样地外，其余样地的全林峰度系数绝对值均介于第Ⅰ亚层与第Ⅱ亚层峰度绝对值之间。

3.4.2　直径分布拟合及检验

利用 χ^2 检验法在 0.05 的显著性水平下对各样地各林层的直径分布拟合结果进行检验，若 $\chi^2 < \chi^2_{0.05}$ 则说明在 0.05 水平下拟合效果显著，Weibull 分布、Meyer 负指数分布的拟合参数及卡方检验结果见表 3-8。

对于 Weibull 分布而言，10 块样地的全林直径分布中，只有 6 号和 9 号样地未通过卡方检验，其余 8 块样地均通过检验；所有样地的第Ⅰ亚层直径分布均服从 Weibull 分布，第Ⅱ

亚层中仅有 3 号样地未通过。对于 Meyer 负指数分布而言，10
块样地的全林直径分布中，有 3 块样地未通过，通过率较
Weibull 分布更低；10 块样地中仅有 4 号样地的第 I 亚层直径
分布服从 Meyer 负指数分布，其余 9 块样地均拒绝；但对于各
样地第 II 亚层来说，Meyer 负指数分布的通过率高达 100%。
总体而言，Weibull 分布在全林及第 I 亚层的拟合效果更好，
特别是对于第 I 亚层的拟合效果显著，而 Meyer 负指数分布则
能更好的拟合第 II 亚层直径分布。

表 3-8　各样地各林层直径分布拟合参数值及检验结果
Tab. 3-8　The fitting parameters and inspection results of diameter
distributions for each sample plot and storey

样地号	层属	分布					负指数函数			
		参数			卡方值		参数		卡方值	
		a	b	c	χ^2	$\chi^2_{0.05}$	K	a	χ^2	$\chi^2_{0.05}$
1	全林	5.999	10.064	0.994	5.092*	12.592	107.033	0.107	5.186*	14.067
	第I亚层	5.279	11.611	2.360	2.175*	12.592	13.218	−0.004	37.681	14.067
	第II亚层	5.000	3.003	1.219	0.835*	3.841	358.938	0.301	0.939*	3.841
2	全林	4.348	8.644	1.393	7.760*	14.067	77.678	0.089	17.910	15.507
	第I亚层	5.645	9.608	11.201	11.201*	14.067	22.946	0.031	58.200	15.507
	第II亚层	5.187	3.335	1.056	2.000*	3.841	211.086	0.289	2.419*	5.991
3	全林	5.208	9.649	1.145	10.865*	15.507	63.865	0.082	15.159*	16.919
	第I亚层	6.000	10.804	2.150	4.636*	15.507	15.906	0.019	60.845	16.919
	第II亚层	4.908	3.124	1.310	4.696	3.841	229.297	0.299	5.467*	5.991
4	全林	5.997	11.382	0.947	9.249*	16.919	75.020	0.125	11.194*	18.307
	第I亚层	5.000	14.062	1.807	15.154*	16.919	10.603	0.029	15.553*	18.307
	第II亚层	5.502	4.230	0.953	3.086*	3.841	145.589	0.254	3.369*	5.991

（续）

样地号	层属	分布					负指数函数			
		参数			卡方值		参数		卡方值	
		a	b	c	χ^2	$\chi^2_{0.05}$	K	a	χ^2	$\chi^2_{0.05}$
5	全林	5..433	7.593	1.012	5.479*	14.067	100.005	0.129	4.434*	15.507
	第I亚层	4.402	12.627	2.250	5.364*	14.067	9.673	0.012	22.719	15.507
	第II亚层	4.747	3.534	1.424	0.559*	5.991	211.021	0.259	6.183*	7.815
6	全林	5.998	10.647	0.999	16.035	12.592	63.324	0.084	12.981*	14.067
	第I亚层	5.780	10.646	2.068	9.355*	12.592	12.457	0.002	36.115	14.067
	第II亚层	5.237	3.394	0.958	4.391*	5.991	231.060	0.303	3.512*	7.815
7	全林	5.973	9.654	1.010	12.566*	12.592	83.482	0.091	12.032*	14.067
	第I亚层	5.999	10.196	2.427	5.311*	12.592	13.670	-0.001	54.500	14.067
	第II亚层	4.611	3.288	1.467	5.254*	5.991	283.565	0.292	5.827*	7.815
8	全林	3.745	9.491	1.500	12.079*	12.592	69.279	0.077	17.254	14.067
	第I亚层	7.663	8.228	1.762	4.029*	11.071	26.525	0.033	36.942	12.592
	第II亚层	5.381	3.857	0.882	5.103*	5.991	247.803	0.293	4.776*	7.815
9	全林	5.999	11.708	0.994	19.511	15.507	71.481	0.090	17.313	16.919
	第I亚层	5.297	11.720	2.535	5.366*	15.507	13.872	0.017	59.709	16.919
	第II亚层	5.280	3.511	0.909	5.000*	5.991	270.918	0.306	5.936*	7.815
10	全林	4.859	7.450	1.274	7.078*	15.507	80.561	0.111	15.351*	16.919
	第I亚层	3.214	12.357	2.738	13.140*	15.507	11.831	0.032	30.008	16.919
	第II亚层	4.905	4.499	1.305	2.752*	7.815	115.074	0.191	6.619*	9.488

3.4.3　林层直径分布图形特征

通过比较两种分布函数的拟合效果，选择 Weibull 分布拟合各样地全林及第 I 亚层的直径分布，第 II 亚层则选用 Meyer 负指数分布进行拟合，结果如图 3-2 至图 3-6 所示。

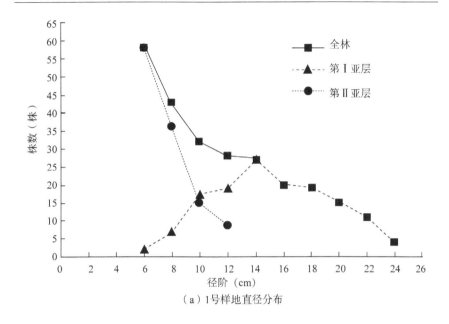

（a）1号样地直径分布

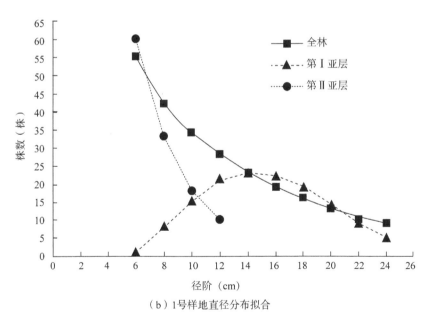

（b）1号样地直径分布拟合

图 3-2　1~2 号样地直径分布和分布函数拟合

Fig. 3-2 Line charts of diameter class and fitting curves of distribution

functions of No. 1~2 sample plots

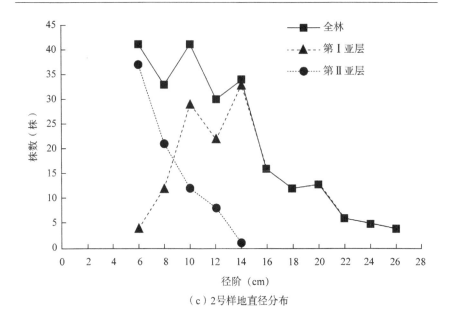

（c）2号样地直径分布

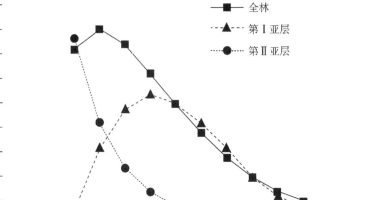

（d）2号样地直径分布拟合

图3-2　1~2号样地直径分布和分布函数拟合（续）

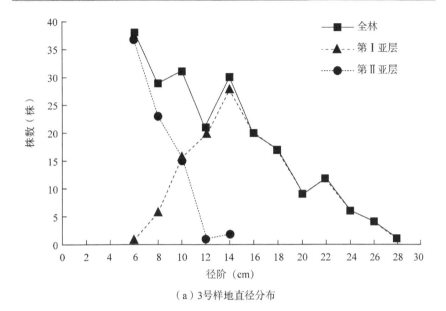

（a）3号样地直径分布

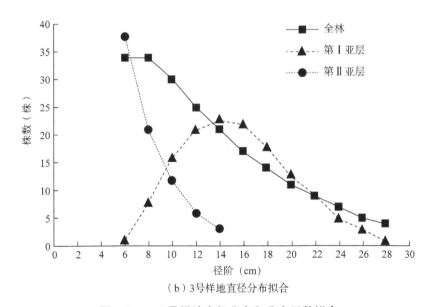

（b）3号样地直径分布拟合

图 3-3　3~4 号样地直径分布和分布函数拟合
Fig. 3-3　Line charts of diameter class and fitting curves of distribution
functions of No. 3~4 sample plots

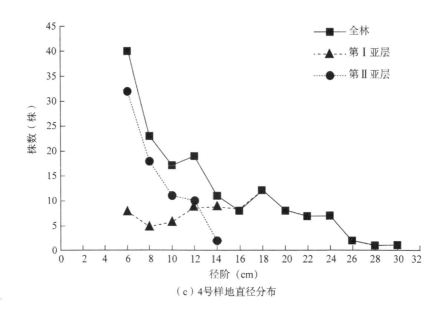

（c）4号样地直径分布

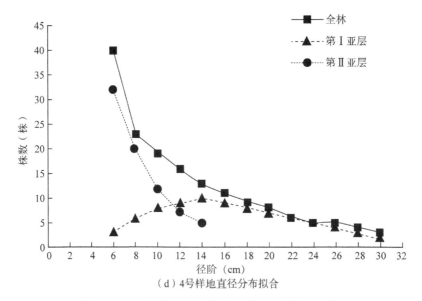

（d）4号样地直径分布拟合

图3-3　3～4号样地直径分布和分布函数拟合(续)

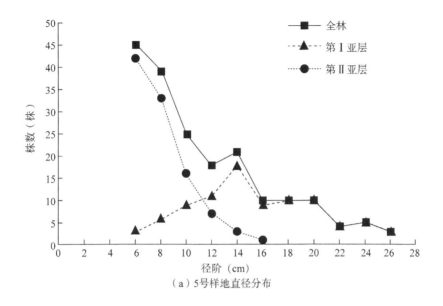

（a）5号样地直径分布

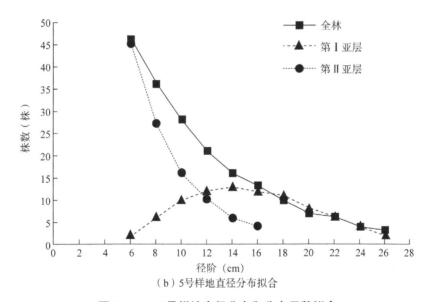

（b）5号样地直径分布拟合

图 3-4　5~6 号样地直径分布和分布函数拟合

Fig. 3-4 Line charts of diameter class and fitting curves of distribution

functions of No. 5~6 sample plots

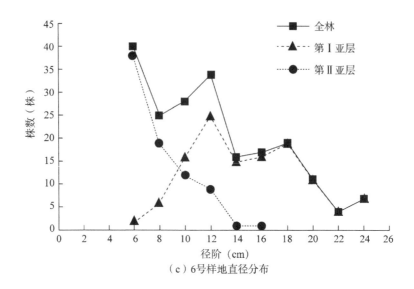

（c）6号样地直径分布

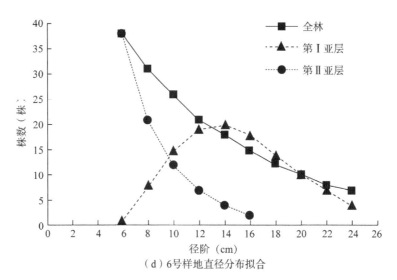

（d）6号样地直径分布拟合

图 3-4　5~6 号样地直径分布和分布函数拟合（续）

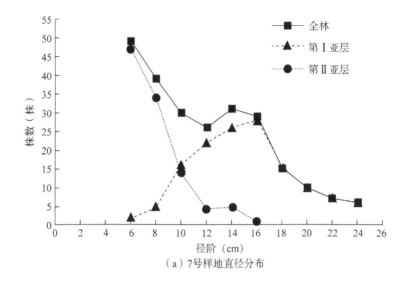

（a）7号样地直径分布

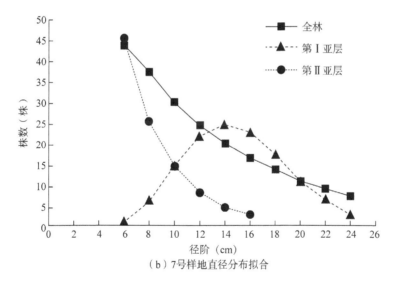

（b）7号样地直径分布拟合

图 3-5　7~8 号样地直径分布和分布函数拟合

Fig. 3-5 Line charts of diameter class and fitting curves of distribution

functions of No. 7~8 sample plots

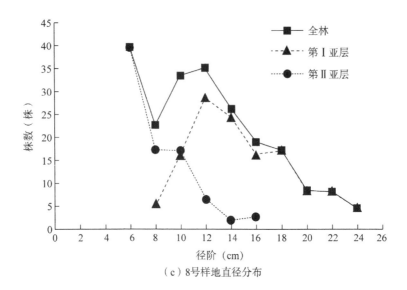

（c）8号样地直径分布

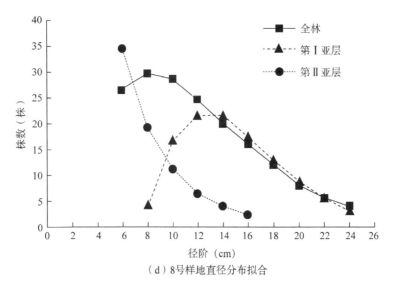

（d）8号样地直径分布拟合

图 3-5　7~8 号样地直径分布和分布函数拟合(续)

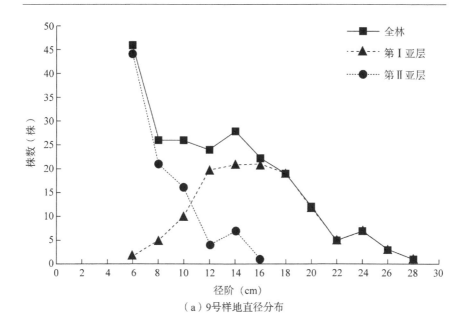

（a）9号样地直径分布

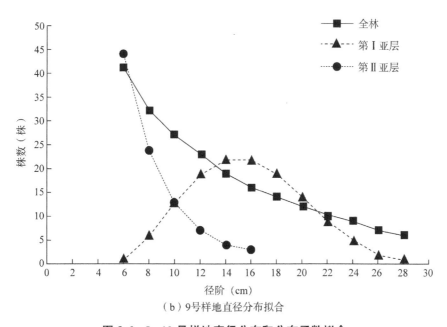

（b）9号样地直径分布拟合

图 3-6　9~10 号样地直径分布和分布函数拟合

Fig. 3-6 Line charts of diameter class and fitting curves of distribution functions of No. 9~10 sample plots

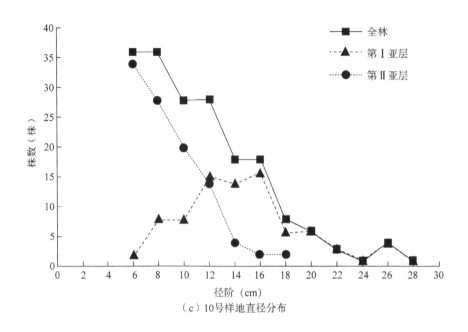

（c）10号样地直径分布

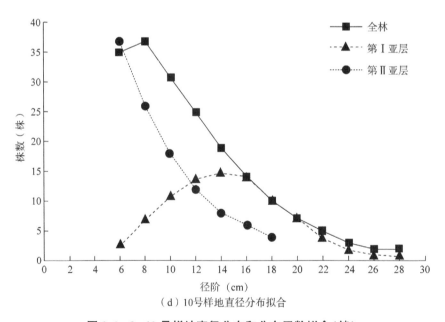

（d）10号样地直径分布拟合

图 3-6　9~10 号样地直径分布和分布函数拟合（续）

　　从图 3-2 至图 3-6 可以看出，全林直径分布呈反 "J" 形或波纹状反 "J" 形曲线，第Ⅰ亚层和第Ⅱ亚层的直径分布差异显著，但各样地的各对应亚层表现相对一致，整体表现为第Ⅰ亚层呈山状曲线或多峰分布，第Ⅱ亚层则呈反 "J" 形；从第Ⅱ亚层过渡到第Ⅰ亚层时，亚层直径分布在图上表现为顶峰右移、峰值减小。各样地的第Ⅰ亚层直径分布与全林直径分布均有重叠，重叠部分的起始径阶 14~18 cm，但第Ⅱ亚层直径分布与全林直径分布基本没有重叠。各样地第Ⅰ亚层与第Ⅱ亚层直径分布曲线均存在交点，交点径阶 8~14 cm，在该径阶范围内相同直径大小的林木处于第Ⅰ亚层与第Ⅱ亚层的株数大致相等，说明该径阶范围内林分的树高结构比较复杂，可能对林分树高研究产生影响。

3.5　讨　论

　　按最大受光面法划分受光层和非受光层，反映了林木在对光的竞争中所处的地位，具有生物学意义。对马尾松人工林来说，尽管乔木层中杉木株数很多，但绝大多数个体未能进入第Ⅰ亚层，这是因为杉木大多为萌生个体，早期幼林抚育时被当成非目的树种清除，现有的杉木萌芽个体的年龄比人工马尾松个体至少小 3 年，且多为一丛一丛地集中分布（一个树兜可萌生十几株），其种群内部竞争较为激烈，一丛内仅有 1~2 株长势较好，同时由于阔叶树树冠的遮挡，导致其在对光的竞争中处于劣势，树高普遍偏低。在第Ⅱ亚层中，虽然杉木的重要值很高，但其在亚层内并未处于优势地位且未来的发展潜力并不大，原因在于重要值的计算考虑了 3 个指标，杉木的株数和频度优势对其重要值起到了一定的"抬升"作用，事实上杉木个体大多较细小，且杉木是喜光树种，处于第 II 亚层意味着不能接受充足的光照，不利于其生长，随着演替的进行，杉木在与阔叶树的竞争中将长期处于被压制的状态，甚至逐渐被阔叶树取代（曹光球，2002）。从经营的角度来看，在不考虑转型的情况下，可视目标需求将杉木伐除，为天然更新的阔叶树或目标树提供生长空间，减少竞争压力。

　　本研究同样对马尾松林分下方残留的 42 年生天然阔叶林进行了调查并计算各项指标。从树种组成来看，伐前马尾松林分乔木层和灌木层物种丰富度均远高于天然阔叶林，天然阔叶林乔木层以木荷、丝栗栲、青冈栎、润楠（*Machilus pingii*）等常绿树种为主，落叶树种如枫香树（*Liquidambar formosana*）、拟赤杨等比重较小，针叶树种仅有杉木 1 种，而马尾松林分中的阔叶树种则以拟赤杨、檫木、赛山梅、枫香树等落叶树种居多，说明林分中的阔叶树尚处在群落演替过程中的早期阶段，而天然阔叶林则处于以喜光阔叶树为主的常绿阔叶林阶段（方炜，1995），可以推测在没有人为干扰的情况下，该林分随着马尾松的死亡和退出最终会形成以木荷等阔叶树为主的常绿阔叶林。

　　将马尾松林分的乔木层、灌木层和草本层中的全部天然更新阔叶树记为更新层，对层内达到起测胸径的林木以 2 cm 径阶距进行径阶整化，从直径分布来看，更新层林木的直径结构呈反"J"形，最大径阶为 44 cm，在 20 个径阶中有 5 个径阶（30 cm、32 cm、38 cm、40 cm 和 42 cm）缺失，说明更新层林木的直径分布较广且基本接近连续分布；以 100 cm 为间距对层内除幼苗外未达起测胸径的林木树高分组，分析树高结构可知，林木树高分布范围为 33~1 150 cm，11 个树高组均有林木分布，树高分布与直径结构类似，呈反"J"形。综合层内幼苗更新情况、林木直径分布和树高分布可知，林下阔叶树涵盖幼苗、幼树及已经进入主林层的林木，且在垂直方向上是连续分布的，尽管更新层林木年龄相对较小，但从树高和直径分布可以推测层内已形成小、中、大分化的连续演替系列，且以小、中成分居多，天然更新阔叶树的演替是正向进行的。

对马尾松林分进行林层划分后，各亚层 S-W 检验显著度随亚层高度升高而增大，偏度和峰度系数则随之减小，说明第 I 亚层较第 II 亚层更趋向于正态分布，这与庄崇洋等（2017）对典型中亚热带天然阔叶林林层直径分布规律的研究结果类似。

为研究复层异龄混交林的直径结构规律，苏联学者特烈其亚科夫提出"森林分子"学说，将同一立地条件下生长发育起来的同一树种同一年龄世代和同一起源的林木视为一个森林分子，随后的研究及大量检验表明，将复杂林分划分为森林分子后，在每个森林分子内部都存在与同龄林一致的结构规律（陈昌雄等，1996）。本研究中的马尾松林本质上是复层异龄混交林，在划分林层后，马尾松均集中在第 I 亚层（各样地第 II 亚层内马尾松株数最多为 4 株，株数占比为 5%），将各样地第 I 亚层的马尾松视为 1 个森林分子，对其进行正态检验，结果表明仅有 4 块样地服从正态分布。加入第 II 亚层的马尾松后，检验结果亦然。从理论上来说，各样地内马尾松森林分子的直径结构应表现出同龄人工纯林的直径分布特征，即服从正态分布，但检验结果并非如此，导致这种结果的原因可能在于以下几个方面：

　　①持续进入的天然更新阔叶树数量较多、树种组成多样、各树种种群分布格局各异，天然更新阔叶树与马尾松之间产生了激烈的竞争，不仅对马尾松生长空间造成挤压，而且由于对光的竞争可能会迫使马尾松将更多的物质与能量用于高生长。

　　②从林分内天然更新阔叶树的直径结构可以推测，天然更新阔叶树的进入是一个持续不断的过程，对马尾松生长的干扰是持续的。

　　③林分年龄较小、密度大，林内小径阶林木居多且以天然更新阔叶树为主，林分尚处于林木竞争激烈、林分状态不稳定的阶段。

3.6　小　结

　　本章对伐前马尾松人工林特征进行了探讨分析，结果表明：

　　①马尾松人工林内物种组成极为丰富、生物多样性水平较高；马尾松是乔木层的主体，天然更新的阔叶树以拟赤杨、檫木、赛山梅和木荷为主，乔木层中天然阔叶树的树种组成与生物多样性已与相近年龄的人促阔叶林接近；划分亚层后，两个亚层的株数密度相差不大，但第Ⅰ亚层的单位面积蓄积量远高于第Ⅱ亚层；与乔木层相比，灌木层具有更高的生物多样性和均匀度，灌木层中绝大多数为乔木幼树，其株数占比达67.44%，总重要值为71.77%，在乔木幼树中，杉木占据主导地位，其次是赛山梅和丝栗栲；草本层内草本植物较少，大多为乔木或灌木幼苗。

　　②伐前马尾松人工林全林和第Ⅱ亚层的直径分布均不服从

正态分布，全林直径分布呈反"J"形或波纹状反"J"形曲线，第Ⅱ亚层的直径分布呈反"J"形，第Ⅰ亚层为倾向于正态分布的山形曲线或多峰分布，林层间直径分布差异显著；全林峰度和偏度系数绝对值介于第Ⅰ亚层与第Ⅱ亚层之间，S-W 检验的 P 值均表现为第Ⅰ亚层大于第Ⅱ亚层，峰度和偏度系数绝对值表现为第Ⅰ亚层小于第Ⅱ亚层，从第Ⅱ亚层过渡到第Ⅰ亚层时，在直径分布图上表现为顶峰右移、峰值下降，从第Ⅱ亚层到第Ⅰ亚层直径分布表现出由负指数分布向正态分布过渡的趋势。

第4章 转型天然阔叶林特征的动态变化

本章分析了不同采伐措施下林分生长指标和多样性指标的年变化规律，探讨不同采伐措施下马尾松人工林能否成功转型为天然阔叶林及成功转型的时间节点。

4.1 数据整理

本章采用马尾松样地 2017—2020 年连续 4 期复测数据研究不同采伐措施下马尾松人工林转型的天然阔叶林特征的动态变化。

由于采伐后形成的新林分均处于高度郁闭的幼林阶段，其乔木层林木不能按常规的理解与定义（即所有胸径 ≥ 5 cm 以上的林木），因此利用最大受光面法对林分划分乔木层和灌木层，将乔木层定义为所有树冠能接受到垂直光照的林木，也就是常规中亚热带天然阔叶林中所有受光层林木（庄崇洋等，2017）组成的层次，灌木层定义为树高 ≥ 0.33 m 且未达乔木层林木标准的所有林木（包括乔木幼树和灌木、半灌木）组成的层次。2018 年、2019 年和 2020 年的林分最大受光面高度分别为 0.5 m、1.0 m 和 1.5 m。此外，将进行采伐措施之后（2017年年底）至复测年份的时间间隔定义为新林分的年龄，即 2018年、2019 年和 2020 年新林分的年龄分别为 1 年、2 年和 3 年。

4.2 研究方法

采用最大受光面法划分林层,从林分生长和树种组成与多样性两个方面分析林分特征。研究方法同"3.2 研究方法"。

4.3 转型天然阔叶林测树因子动态变化

4.3.1 林分株数密度动态变化

对于 T2 和 T3 处理来说,林分内还保留有部分本底乔木层林木,其中 T2 处理下 2018 年、2019 年和 2020 年林分内保留自本底乔木层的林木株数密度分别为 810 株/hm²、800 株/hm² 和 785 株/hm²,T3 处理下 2018 年、2019 年和 2020 年保留自本底乔木层的林木株数均为 90 株/hm²,考虑到这部分林木对林分主要测树因子的变化规律无影响,因此仅以不包含本底乔木层林木为例进行分析。

不同处理下各年林分株数密度如图 4-1 和图 4-2 所示。从图中可以看出,2018—2020 年,T1、T2 和 T3 处理下林分均具有极高的株数密度,3 年间 T1 处理的林分株数密度均最高,分别为 54 560 株/hm²、69 250 株/hm² 和 65 225 株/hm²,T3 次之,株数密度分别为 44 745 株/hm²、65 225 株/hm² 和 56 850 株/hm²,T2 株数密度最低,分别为 26 335 株/hm²、41 475 株/hm² 和 41 995 株/hm²。伐后到 2018 年,T1、T2 和 T3 处理下林分总株数密度均急剧增加,说明伐后 1 年间林分内均出现了数量极大的新增天然更新林木。从年增量来看,伐

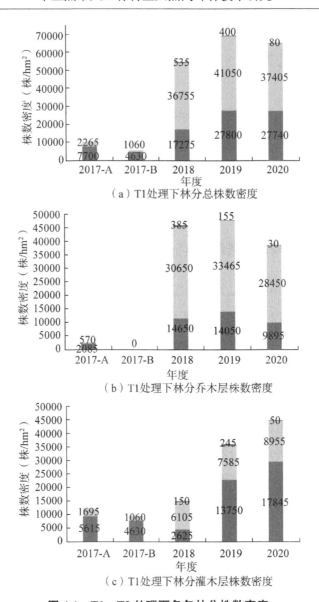

图 4-1　T1、T2 处理下各年林分株数密度

Fig. 4-1　Density of the stand in each year under T1 and T2 treatment

（2017-A 和 2017-B 分别表示伐前和伐后；T2 处理下林分总株数密度

和乔木层株数密度均不包含保留自本底乔木层的林木）

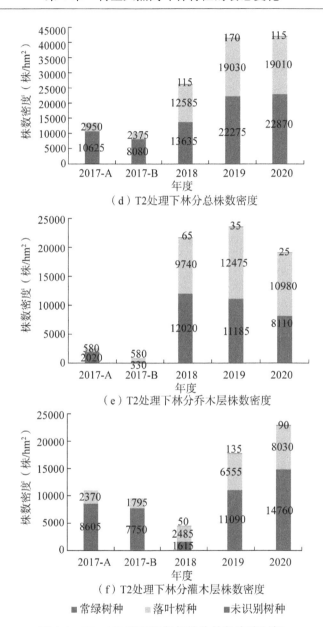

（d）T2处理下林分总株数密度

（e）T2处理下林分乔木层株数密度

（f）T2处理下林分灌木层株数密度

■ 常绿树种　　■ 落叶树种　　■ 未识别树种

图 4-1　T1、T2 处理下各年林分株数密度（续）

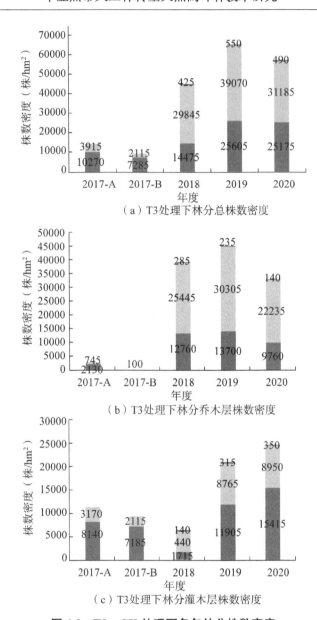

（a）T3处理下林分总株数密度

（b）T3处理下林分乔木层株数密度

（c）T3处理下林分灌木层株数密度

图 4-2　T3、CK 处理下各年林分株数密度

Fig. 4-2 Density of the stand in each year under T3 and CK treatment

（林分总株数密度和乔木层株数密度均不包含保留自本底乔木层的林木）

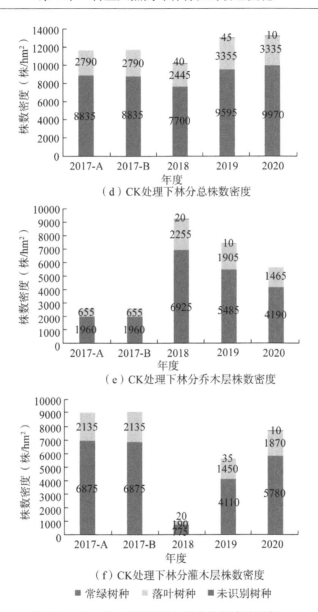

（d）CK处理下林分总株数密度

（e）CK处理下林分乔木层株数密度

（f）CK处理下林分灌木层株数密度

■ 常绿树种　　□ 落叶树种　　■ 未识别树种

图 4-2　T3、CK 处理下各年林分株数密度（续）

后 1 年间，T1 处理下林分内新增天然更新林木数量最多，其净增量达 48 875 株/hm²，其次是 T3 处理，其净增量达 35 445 株/hm²，而 T2 处理下新增天然更新林木株数最少，净增量为

16 790 株/hm²，分别仅约为 T1 和 T3 处理下净增量的 1/3 和 1/2；2018—2019 年，3 种处理下林分内仍有一定量的新增天然更新林木，但相对伐后 1 年间新增林木株数来说更少，T1、T2 和 T3 处理下净增量分别为 14 685 株/hm²、15 140 株/hm² 和 20 480 株/hm²；对于 CK 处理来说，林分内同样出现一些新增天然更新林木，但与其他 3 种处理相比该处理下新增林木数量极少，3 年净增量分别仅有 1 105 株/hm²、2 780 株/hm² 和 215 株/hm²。区分常绿和落叶树种来看，伐后 1 年间，3 种处理下林分内新增落叶树种的株数密度远高于常绿树种，T1、T2 和 T3 处理下新增常绿树种的株数密度分别为 12 645 株/hm²、5 885 株/hm² 和 7 290 株/hm²，新增落叶树种的株数密度分别为 35 695 株/hm²、10 790 株/hm² 和 27 730 株/hm²，但从 2018—2019 年，3 种处理下林分新增落叶树种的株数密度均小于常绿树种，3 种处理下新增常绿树种株数密度分别为 10 525 株/hm²、8 640 株/hm² 和 11 130 株/hm²，新增落叶树种的株数密度分别为 4 295 株/hm²、6 445 株/hm² 和 9 225 株/hm²。

从年变化来看，T1 和 T3 处理下林分总株数密度均在 2019 年达到峰值，此后开始下降，T2 和 CK 处理下林分总株数密度表现为逐年递增，但从 2019 年开始增速变缓。从 2018—2020 年，3 种处理下林分内落叶树种的株数密度均在 2019 年达到峰值，此后出现下降趋势；T1 和 T3 处理下林分内常绿树种的株数密度也在 2019 年达到峰值，此后出现下降趋势；而 T2 处理下林分内常绿树种的株数密度则表现逐年递增趋势，但从 2019 年开始增速变缓。

区分乔木层和灌木层，从伐后到 2020 年，3 种处理下林分乔木层均具有极高的株数密度，其中 T1 处理下林分乔木层的株数密度最大，3 年株数密度分别为 45 685 株/hm²、47 670 株/hm² 和 38 375 株/hm²，T3 处理下林分乔木层的株数密度与 T1 处理较为接近，分别为 38 490 株/hm²、44 240 株/hm² 和 32 135 株/hm²，T2 处理下林分乔木层株数密度最小，分别仅有 21 825 株/hm²、23 695 株/hm² 和 22 870 株/hm²。区分常绿和落叶树种来看，T1 和 T3 处理下林分乔木层内落叶树种的比例均远高于常绿树种，而 T2 处理下，2018 年林分乔木层内常绿树种株数密度高于落叶树种，但在 2019 年和 2020 年时，常绿树种株数密度低于落叶树种。在年变化上，3 种处理下林分乔木层的总株数密度和落叶树种的株数密度均在 2019 年达到峰值，此后开始下降；T1 和 T2 处理下林分乔木层内常绿树种的株数密度表现为逐年递减趋势，但 T3 处理下的表现与总株数密度表现一致，即在 2019 年达到峰值，之后趋于下降。

对灌木层来说，3 种处理下林分灌木层株数密度均相对乔木层更小，但 3 种处理下灌木层株数密度最大的仍为 T1，3 年株数密度分别为 8 880 株/hm²、21 580 株/hm² 和 26 850 株/hm²，T3 处理次之，分别为 6 255 株/hm²、20 985 株/hm² 和 24 715 株/hm²，T2 处理最低，分别为 4 510 株/hm²、17 780 株/hm² 和 22 880 株/hm²，这与乔木层株数密度表现一致。区分常绿和落叶树种来看，2018 年 3 种处理下林分灌木层内的落叶树种株数均高于常绿树种，但 2019 年和 2020 年常绿树种均较落叶树种更多。在年变化上，3 种处理下林分灌木层总株数、常绿树种株数和落叶树种株数均逐年递增，但增速逐渐变缓，2018—2019 年，3 种处理下林分灌木层总株数和常绿树种株数均出现急剧增长，其中 T1 处理下灌木层总株数和常绿树种株数增量分别为 12 700 株/hm² 和 11 12 株/hm²，T2 处理下二者增量分别为 13 270 株/hm² 和 9 475 株/hm²，T3 处理下二者增量分别为 14 730 株/hm² 和 10 190 株/hm²，相比之下，3 种处理下落叶树种的增量均较小，T1、T2 和 T3 处理下增量分别仅有 1 480 株/hm²、3 710 株/hm² 和 4 365 株/hm²；2019—2020 年，无论是灌木层总株数还是常绿树种或落叶树种的株数增长均变缓。

4.3.2　林分平均高动态变化

不同采伐措施下各年林分平均高、乔木层平均高和灌木层平均高分别如图 4-3、图 4-4 和图 4-5 所示。为与 T1 处理进行对比，从 2018 年起，在计算 T2、T3 和 CK 处理下林分平均高和乔木层平均高时均未包含各自处理下保留自本底乔木层的林木，但这部分林木并不会对平均高的年表现及变化规律产生影响。

从图 4-3 可知，2018—2020 年，3 种处理下林分平均高、常绿树种平均高和落叶树种平均高均较小，且林分总平均高均介于常绿树种平均高与落叶树种平均高之间。2018 年时，3 种处理下林分平均高、常绿树种平均高和落叶树种平均高均较为接近，2019 年和 2020 年，T1 和 T3 处理的林分平均高均较 T2 更高，且 T1 和 T3 的平均高极为接近。从年变化来看，3 种处理下林分平均高、常绿树种平均高和落叶树种平均高几乎均表现为逐年递增趋势，其中落叶树种的增幅最大，其次是林分平均高，常绿树种的增幅最小。

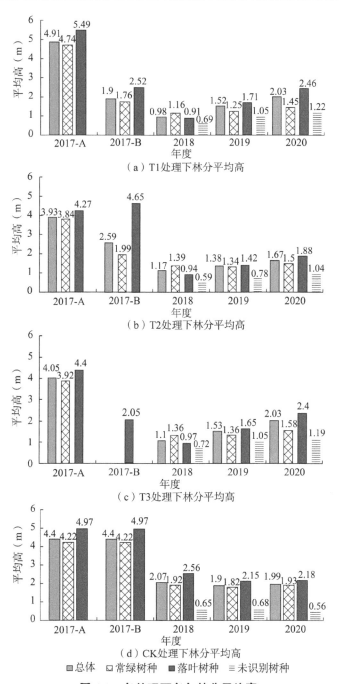

（a）T1处理下林分平均高

（b）T2处理下林分平均高

（c）T3处理下林分平均高

（d）CK处理下林分平均高

■总体 ▨常绿树种 ▤落叶树种 ▤未识别树种

图4-3 各处理下各年林分平均高

Fig. 4-3 Mean height of the stand in each year under each treatment

注：2018 年、2019 年和 2020 年 T2、T3 和 CK 处理的平均高均不包含保留自本底乔木层的林木。

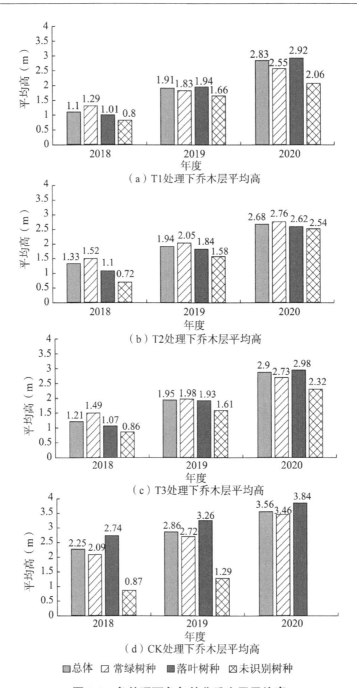

（a）T1处理下乔木层平均高

（b）T2处理下乔木层平均高

（c）T3处理下乔木层平均高

（d）CK处理下乔木层平均高

■总体　□常绿树种　■落叶树种　☒未识别树种

图4-4　各处理下各年林分乔木层平均高

Fig. 4-4 Mean heightof the arbor layer of the stand in each year under each treatment

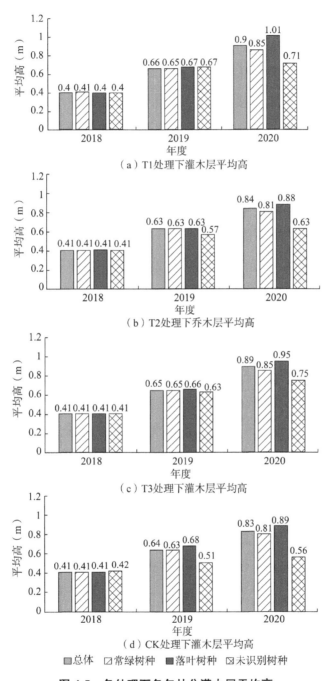

（a）T1处理下灌木层平均高

（b）T2处理下乔木层平均高

（c）T3处理下灌木层平均高

（d）CK处理下灌木层平均高

■总体　▨常绿树种　■落叶树种　⊠未识别树种

图 4-5　各处理下各年林分灌木层平均高

Fig. 4-5 Mean heightof the shrub layer of the stand in each year under each treatment

对乔木层而言，2018—2020年，3种处理下林分乔木层平均高及层内常绿树种和落叶树种的平均高表现与林分整体一致，但3种处理下林分乔木层平均高及层内常绿树种和落叶树种的平均高均比较接近，2018年时常绿树种平均高均高于落叶树种，2019年和2020年时常绿树种和落叶树种平均高比较接近。从年变化来看，3种处理下乔木层平均高及层内常绿树种和落叶树种的平均高均逐年递增，其中落叶树种的增幅最大，其次是乔木层平均高，常绿树种的增幅最小，这与林分整体表现一致。

对灌木层而言，2018年和2019年，3种处理下林分灌木层平均高及层内常绿树种和落叶树种的平均高均几乎相等，但2020年时落叶树种平均高略高于灌木层平均高和常绿树种平均高，但这种差别很小。从年变化来看，3种处理下灌木层平均高及层内常绿树种和落叶树种的平均高均逐年递增，且年度间增幅均较为稳定在0.2 m左右。

对于CK处理来说，无论林分整体还是区分乔木层和灌木层，各年平均高的表现均与其他3种处理类似，但该处理下林分整体及乔木层平均高（包括常绿树种和落叶树种平均高）均较其他3种处理更高，灌木层则没有明显差异，这可能是因为该处理下新增天然更新林木较少且树高偏低，导致这些天然更新林木在林分整体和乔木层中的占比很小，因此对平均高的影响也较小，而4种处理下2018—2020年林分灌木层内绝大多数林木为新增天然更新林木，因此灌木层平均高差异不明显。

4.4 转型天然阔叶林树种组成与多样性动态变化

4.4.1 乔木层树种组成与多样性动态变化

各处理下伐前及伐后林分乔木层多样性指标见表 4-1，由于 T1 处理下林分本底乔木层林木被全部伐除，T3 处理下林分本底乔木层仅保留少量马尾松，因此不对这 2 种处理下的伐后乔木层进行多样性指标的计算。从表中可以看出，不同处理下采伐前林分乔木层均具有较为丰富的物种丰富度，Shannon-Wiener 指数、均匀度和生态优势度也较高，对于 T2 处理来说，采伐造成乔木层丰富度和生态优势度的下降，但 Shannon-Wiener 指数和均匀度有所提高，这是因为采伐前林分乔木层内马尾松和杉木的株数远高于其他树种，在伐除马尾松和杉木后，林分乔木层内不再有占绝对优势的树种，各树种株数分布比较均匀，因此伐后 Shannon-Wiener 指数和均匀度相对伐前更高，生态优势度则更低。

表 4-1 各处理下伐前及伐后林分乔木层物种多样性指标
Tab. 4-1 The diversity indicators of arbor layers before and after cutting under each treatment

处理	年度	丰富度 S	指数 SW	均匀度 E	生态优势度 ED
T1	2017-A	24	2.87	0.63	0.23
	2017-B	—	—	—	—
T2	2017-A	25	2.75	0.59	0.23
	2017-B	23	3.38	0.75	0.15
T3	2017-A	29	2.67	0.55	0.25
	2017-B	1	—	—	—
CK	2017-A	31	3.13	0.63	0.20

　　从 2018 年起，T1 和 T3 处理下林分乔木层是在本底灌木层的基础上形成的，而 T2 和 CK 处理下林分乔木层内保留自本底乔木层的林木仅增加了乔木层的物种丰富度，对 Shannon-Wiener 指数、均匀度和生态优势度几乎没有影响，且不影响各指标的年变化规律，因此，对 T2 和 CK 处理也以不包含本底乔木层林木为例进行分析。2018—2020 年各处理下林分乔木层多样性指标如图 4-6 所示。可以看出，3 种处理下林分乔木层均具有极为丰富的物种丰富度、较高的 Shannon-Wiener 指数和均匀度，但生态优势度较低。对比可知，3 年间，3 种处理的物种丰富度和生态优势度均显著高于 CK，但 Shannon-Wiener 指数和均匀度均明显低于 CK；3 种处理中，T1 和 T3 处理的物种丰富度比较接近，且均高于 T2 处理的丰富度；T2 和 T3 的 Shannon-Wiener 指数、均匀度和生态优势度均比较接近，且 2 种处理下的 Shannon-Wiener 指数和均匀度均高于 T1 处理，但生态优势度较 T1 更低。在年变化上，3 种处理下乔木层丰富度在 2018 年和 2019 年几乎没有变化，但从 2019 年起出现较为明显的下降；在 Shannon-Wiener 指数上，T1 和 T2 处理表现为逐年递减趋势，T3 处理较为稳定；在均匀度指标上，3 种处理均比较稳定，在生态优势度指标上，T2 和 T3 比较稳定，但 T1 在 2019 年出现较为明显的增长。CK 处理下，除物种丰富度表现为逐年递减外，其他 3 个指标均较为稳定。

（a）物种丰富度

（b）Shannon-Winener

（c）均匀度

图 4-6　2018—2020 年各处理下林分乔木层多样性指标

F g. 4-6　The diversity indicators of arbor layers under each treatment from 2018 to 2020

（各年 T2、T3 和 CK 处理各指标的计算均不包含保留自本底乔木层的林木）

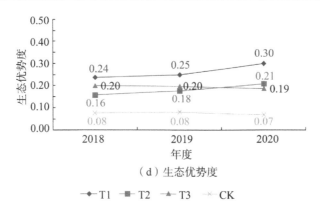

（d）生态优势度

←— T1　←— T2　←— T3　⤫ CK

图4-6　2018—2020年各处理下林分乔木层多样性指标（续）

需要注意的是，从伐后到2018年，各处理下乔木层物种丰富度均出现大幅度增加，这是因为从2018年起林分乔木层的界定标准与本底不一致，在新的界定标准下本底灌木层中的林木大多进入2018年的乔木层，导致从伐后到2018年乔木层物种丰富度急剧增加。事实上，从伐后到2018年，T1、T2、T3和CK处理下新增林木的物种数也极为丰富，分别为79种、72种、74种和43种。

区分生长型统计各年林分乔木层物种丰富度、相对多度和重要值等指标，T1、T2、T3和CK处理下各指标分别见表4-2、表4-3、表4-4和表4-5。

对T1处理来说，伐后林分是在本底灌木层的基础上形成的，因此将伐后乔木层与本底灌木层进行对比。从表4-2可知，不同年林分乔木层中，乔木树种的物种丰富度均大于灌木树种，且乔木（灌木）树种中常绿乔木（灌木）的物种丰富度也均大于落叶乔木（灌木），丰富度排序均为常绿乔木>常绿灌木>落叶乔木>落叶灌木。从丰富度的变化来看，采伐前后物种丰富度变化不大，从伐后到2018年，乔木和灌木树种的丰富度

表 4-2　T1 处理下林分乔木层不同生长型的株数密度、平均高、相对多度、相对频度、相对优势度及重要值年变化

Tab. 4-2　Annual changes of density, mean height, relative abundance, relative frequency, relative dominance, and important value of different growth form in arbor layer under T1 treatment

年度		类别	株数密度(株/hm²)	算术平均高(cm)	丰富度 S	相对多度 RA(%)	相对频度 RF(%)	相对优势度 RD(%)	重要值 IV(%)
2017–A	乔木树种	总体	4 910	230.9	42	67.17	67.25	75.21	69.88
		常绿	3 715	198.1	30	50.82	46.96	48.83	48.87
		落叶	1 195	332.8	12	16.35	20.29	26.38	21.01
	灌木树种	总体	2 400	155.7	27	32.83	32.75	24.79	30.12
		常绿	1 900	161.9	18	25.99	22.90	20.41	23.10
		落叶	500	132.0	9	6.84	9.86	4.38	7.02
2017–B	乔木树种	总体	3 785	212.1	40	66.52	67.81	74.22	69.52
		常绿	3 105	188.3	28	54.57	50.34	54.07	52.99
		落叶	680	320.5	12	11.95	17.47	20.15	16.52
	灌木树种	总体	1 905	146.3	25	33.48	32.19	25.78	30.48
		常绿	1 525	150.6	17	26.80	22.95	21.24	23.66
		落叶	380	129.3	8	6.68	9.25	4.54	6.82
2018	乔木树种	总体	20 005	129.2	53	43.79	66.28	51.54	53.87
		常绿	11 585	129.6	33	25.36	34.31	29.94	29.87
		落叶	8 420	128.6	20	18.43	31.97	21.60	24.00

（续）

年度	类别		株数密度（株/hm²）	算术平均高（cm）	丰富度 S	相对多度 RA（%）	相对频度 RF（%）	相对优势度 RD（%）	重要值 IV（%）
2018	灌木树种	总体	25 295	94.8	35	55.37	31.38	47.85	44.87
		常绿	3 065	126.9	21	6.71	17.74	7.76	10.74
		落叶	22 230	90.4	14	48.66	13.65	40.09	34.13
	未识别树种		385	80.0	1	0.84	2.34	0.61	1.27
2019	乔木树种	总体	19 965	204.6	51	41.88	64.95	44.97	50.60
		常绿	10 715	185.5	30	22.48	32.76	21.89	25.71
		落叶	9 250	226.7	21	19.40	32.19	23.09	24.89
	灌木树种	总体	27 550	180.5	38	57.79	33.33	54.74	48.62
		常绿	3 335	172.7	23	7.00	16.95	6.34	10.10
		落叶	24 215	181.6	15	50.80	16.38	48.40	38.53
	未识别树种		155	165.5	1	0.33	1.71	0.28	0.77
2020	乔木树种	总体	14 480	281.7	48	37.73	69.12	37.62	48.16
		常绿	7 515	261.1	27	19.58	34.03	18.10	23.91
		落叶	6 965	303.9	21	18.15	35.08	19.52	24.25
	灌木树种	总体	23 865	283.1	33	62.19	30.04	62.32	51.52
		常绿	2 380	233.9	18	6.20	15.55	5.13	8.96
		落叶	21 485	288.6	15	55.99	14.50	57.19	42.56
	未识别树种		30	205.8	1	0.08	0.84	0.06	0.33

注：①2017-A 和 2017-B 分别代表伐前和伐后底本底灌木层。

都有较大增长，乔木和灌木树种分别净增加 13 种和 10 种；2018—2020 年，乔木树种总体和常绿乔木的丰富度均逐年减少，灌木树种总体和常绿灌木的丰富度均先增加后减少，但落叶乔木和落叶灌木的丰富度在不同年度间均较为稳定。对于重要值来说，2018—2020 年落叶树种的重要值均高于常绿树种，2018 年和 2019 年乔木树种的重要值均大于灌木树种，重要值排序均为：落叶灌木>常绿乔木>落叶乔木>常绿灌木，但 2020 年时灌木树种的重要值大于乔木树种，重要值排序为：落叶灌木>落叶乔木>常绿乔木>常绿灌木；2018—2020 年，乔木树种总体和常绿乔木的重要值均逐年减少，落叶乔木的重要值先增加后减少，但都较为稳定地维持在 24% 左右，灌木树种总体和落叶灌木的重要值均逐年递增，常绿灌木的重要值则逐年递减。

由于划分生长型后，各生长型几乎在每个样方均有出现，因此可以不考虑相对频度对重要值的影响。在不考虑相对频度时，2018—2020 年各生长型的重要值表现相同，3 年灌木树种的重要值均高于乔木树种、落叶树种的重要值均高于常绿树种、重要值排序均为落叶灌木>常绿乔木>落叶乔木>常绿灌木。各生长型的重要值年变化规律与考虑相对频度时的表现一致。

从表 4-3 可知，对于 T2 处理来说，无论是否包含原乔木层林木，各年林分乔木层内乔木树种的物种丰富度均大于灌木树种，且乔木（灌木）树种中常绿乔木（灌木）的物种丰富度也均大于落叶乔木（灌木），丰富度大小排序均表现为：常绿乔木>常绿灌木>落叶乔木>落叶灌木；2018—2019 年仅常绿灌木和落叶灌木的丰富度有变化，分别减少和增加 2 种，2019—

2020 年乔木树种和灌木树种分别减少 2 种和 4 种。对重要值而言，无论是否包含本底乔木层林木，各年林分乔木层内乔木树种的重要值均大于灌木树种，且常绿乔木的重要值均大于落叶乔木，落叶灌木的重要值均大于常绿灌木，从重要值排序来看，是否包含本底乔木层林木对 2019 年和 2020 年无影响，两年的重要值排序均为：常绿乔木>落叶灌木>落叶乔木>常绿灌木，但在 2018 年时两种情况下的重要值排序略有不同，不包含本底乔木层林木时重要值排序为：常绿乔木>落叶灌木>落叶乔木>常绿灌木，包含本底乔木层林木时重要值排序为：常绿乔木>落叶乔木>落叶灌木>常绿灌木，造成这种变化的原因在于本底乔木层林木中仍有部分落叶乔木且树高均较高，显著提高了落叶乔木的相对优势度，导致其重要值升高；从重要值的年变化来看，无论是否包本底原乔木层林木，2018—2020 年，乔木树种的重要值逐渐降低而灌木树种的重要值逐渐增加，其中常绿乔木和常绿灌木的重要值均逐渐减少，落叶乔木的重要值表现为先增加后减少，落叶灌木的重要值则逐渐增加，但从 2019 年起增长量和增长率均开始下降。

在不考虑相对频度对重要值的影响时，无论是否包含本底乔木层林木，2018—2019 年林分乔木层内乔木树种的重要值均大于灌木树种，2020 年时灌木树种的重要值大于乔木树种，但各年常绿乔木的重要值均大于落叶乔木，落叶灌木的重要值均大于常绿灌木；从重要值排序来看，是否包含本底乔木层林木对 2019 年和 2020 年无影响，2019 年两种情况下的重要值排序均为：常绿乔木>落叶灌木>落叶乔木>常绿灌木，2020 年均为：落叶灌木>常绿乔木>落叶乔木>常绿灌木，2018 年不包含本底乔木层林木时的重要值排序为：常绿乔木>落叶灌木>常绿

表 4-3　T2 处理下林分乔木层不同生长型的株数密度、平均高、相对多度、相对频度、相对优势度及重要值年变化

Tab. 4-3　Annual changes of density, mean height, relative abundance, relative frequency, relative dominance, and important value of different growth form in arbor layer under T2 treatment

年度	类别		株数密度（株/hm²）	算术平均高（cm）	丰富度 S	相对多度 RA（%）	相对频度 RF（%）	相对优势度 RD（%）	重要值 IV（%）
2017-A	乔木树种	总体	2 575	1 279.8	22	99.04	96.83	99.57	98.48
		常绿	2 000	1 294.4	14	76.92	57.94	78.22	71.03
		落叶	575	1 229.2	8	22.12	38.89	21.36	27.45
	灌木树种	总体	25	564.0	3	0.96	3.17	0.43	1.52
		常绿	20	542.5	2	0.77	2.38	0.33	1.16
		落叶	5	650.0	1	0.19	0.79	0.10	0.36
2017-B	乔木树种	总体	885	1 114.2	20	97.25	95.56	98.59	97.13
		常绿	310	900.8	12	34.07	41.11	27.92	34.37
		落叶	575	1 229.2	8	63.19	54.44	70.67	62.77
	灌木树种	总体	25	564.0	3	2.75	4.44	1.41	2.87
		常绿	20	542.5	2	2.20	3.33	1.08	2.21
		落叶	5	650.0	1	0.55	1.11	0.32	0.66
2018	乔木树种	总体	11 260 / 12 050	164.0 / 231.2	46 / 49	51.59 / 53.24	64.28 / 67.69	63.64 / 72.16	60.50 / 64.36
		常绿	8 650 / 8 935	157.6 / 187.0	29 / 32	39.63 / 39.47	41.40 / 41.10	46.99 / 43.27	42.67 / 41.28
		落叶	2 610 / 3 115	185.1 / 358.2	17 / 17	11.96 / 13.76	24.88 / 26.59	16.65 /28.89	17.83 / 23.08

（续）

年度	类别		株数密度（株/hm²）	算术平均高（cm）	丰富度 S	相对多度 RA（%）	相对频度 RF（%）	相对优势度 RD（%）	重要值 IV（%）
2018	灌木树种	总体	10500/10 520	100.0/101.8	30/31	48.11/46.48	32.33/30.99	36.20/27.72	38.88/35.06
		常绿	3 370/3 385	138.5/142.2	23/23	15.44/14.95	21.16/20.22	16.08/12.46	17.56/15.88
		落叶	7 130/7 135	81.9/82.6	7/8	32.67/31.52	11.16/10.77	20.11/15.26	21.32/19.18
	未识别树种		65/65	72.3/72.3	1/1	0.30/0.29	1.40/1.32	0.16/0.12	0.62/0.58
2019	乔木树种	总体	1 2000/1 2780	216.2/278.2	46/49	50.64/52.17	67.06/68.17	56.49/63.76	58.06/61.37
		常绿	8 570/8 855	207.6/237.6	29/32	36.17/36.15	39.57/39.73	38.74/37.73	38.16/37.87
		落叶	3 430/3 925	237.7/369.8	17/17	14.48/16.02	27.49/28.44	17.75/26.03	19.90/23.50
	未识别树种		35/35	158.4/158.4	1/1	0.15/0.14	0.24/0.23	0.12/0.10	0.17/0.16
	灌木树种	总体	1 1660/1 1680	170.9/172.5	30/31	49.21/47.68	32.70/31.60	43.39/36.14	41.77/38.47
		常绿	2 615/2 630	195.2/200.0	21/21	11.04/10.74	18.96/18.28	11.11/9.43	13.70/12.82
		落叶	9 045/9 050	163.9/164.5	9/10	38.17/36.95	13.74/13.32	32.28/26.70	28.07/25.66
	未识别树种		35/35	158.4/158.4	1/1	0.15/0.14	0.24/0.23	0.12/0.10	0.17/0.16
2020	乔木树种	总体	8 980/9 745	291.6/366.6	44/47	46.98/48.97	68.31/69.53	51.19/58.65	55.49/59.05
		常绿	6 265/6 545	281.3/320.3	28/31	32.78/32.89	41.82/41.77	34.46/34.41	36.35/36.36
		落叶	2 715/3 200	315.2/461.5	16/16	14.20/16.08	26.49/27.76	16.73/24.24	19.14/22.70
	灌木树种	总体	10 110/10 130	246.3/248.0	26/27	52.89/50.90	31.17/29.98	48.68/41.24	44.25/40.71
		常绿	1 845/1 860	256.2/262.9	18/18	9.65/9.35	18.44/17.69	9.24/8.03	12.45/11.69
		落叶	8 265/8 270	244.1/244.7	8/9	43.24/41.56	12.73/12.29	39.44/33.22	31.80/29.02
	未识别树种		25/25	254.2/254.2	1/1	0.13/0.13	0.52/0.49	0.12/0.10	0.26/0.24

注：/前后分别表示包含和不包含本底乔木层林木的统计数据。

灌木>落叶乔木，包含本底乔木层林木时的重要值排序为：常绿乔木>落叶灌木>落叶乔木>常绿灌木。此外，不考虑相对频度对各生长型重要值的年变化规律无影响。

对于 T3 处理来说，尽管仍保留了部分本底乔木层林木，但保留木的密度极小，仍可以认为伐后林分乔木层是在本底灌木层的基础上形成的，因此，将伐后林分乔木层与本底灌木层进行对比。从表 4-4 可知，在丰富度指标上，本底灌木层及新林分乔木层中乔木树种的物种丰富度均大于灌木树种，且乔木（灌木）树种中常绿乔木（灌木）的物种丰富度也均大于落叶乔木（灌木），丰富度排序均为：常绿乔木>常绿灌木>落叶乔木>落叶灌木，对 2018—2020 年林分乔木层而言，是否包含本底乔木层林木对物种丰富度均没有影响，且不改变丰富度排序。从伐后到 2018 年乔木树种和灌木树种丰富度均明显增加，分别增加 11 种和 9 种；2018—2020 年，各生长型的丰富度均比较稳定，变化量绝对值在 4 以内。对重要值而言，无论是否包含原乔木层林木，各年林分乔木层内乔木树种的重要值均大于灌木树种，且常绿树种的重要值均小于落叶树种，但各生长型的重要值排序在年度间略有差异。在不包含本底乔木层林木时，2018 年重要值排序为：落叶灌木>常绿乔木>落叶乔木>常绿灌木，2019 年和 2020 年重要值排序均为：落叶灌木>落叶乔木>常绿乔木>常绿灌木，包含原乔木层林木时，2018 年重要值排序为：常绿乔木>落叶灌木>落叶乔木>常绿灌木，2019 年和 2020 年重要值排序均为：落叶灌木>常绿乔木>落叶乔木>常绿灌木，可以看出，包含本底乔木层林木后仅调整了常绿乔木的相对顺序，其他 3 种生长型的相对顺序没有改变。从重要值的年变化来看，无论是否包本底乔木层林木，从 2018—

2020 年，乔木树种的重要值均先减少后增加，灌木树种则表现出相反趋势，其中常绿乔木和常绿灌木的重要值均逐年减少，落叶乔木和落叶灌木的重要值均逐年增加。整体来看，各生长型的重要值在不同年度间的差异较小，且 2019 年和 2020 年各生长型的重要值变动绝对值在 1% 以内，处于较为稳定的状态。

在不考虑相对频度对重要值的影响时，无论是否包含本底乔木层林木，2018 年林分乔木层内乔木树种的重要值均大于灌木树种，2019 年和 2020 年灌木树种的重要值均大于乔木树种，各年常绿乔木的重要值均大于落叶乔木，落叶灌木的重要值均大于常绿灌木。此外，各年生长型重要值排序也不受原乔木层林木影响，2018 年重要值排序为：落叶灌木>常绿乔木>落叶乔木>常绿灌木，2019 年和 2020 年重要值排序均为：落叶灌木>落叶乔木>常绿乔木>常绿灌木。从重要值的年变化来看，无论是否包含原乔木层林木，在不考虑相对频度时，仅对乔木和灌木树种总体重要值的年变化产生影响，不改变各生长型的年变化规律，即从 2018—2020 年，乔木树种的重要值均逐年减少，灌木树种则逐年增加。

综合来看，无论是否包含原乔木层林木、是否考虑相对频度对重要值的影响，尽管林分内落叶树种的重要值逐年增加且落叶灌木的重要值均居首位，但结合株数密度变化来看，从 2019—2020 年，灌木树种的绝对减量及减少比例均高于乔木树种，且落叶灌木的降幅最大，可以预测，未来林分内灌木树种尤其是落叶灌木的比例将会逐渐减少，乔木树种将是未来林分的主体。

表 4-4　T3 处理下林分乔木层不同生长型的株数密度、平均高、相对多度、相对频度、相对优势度及重要值年变化

Tab. 4-4　Annual changes of density, mean height, relative abundance, relative frequency, relative dominance, and important value of different growth form in arbor layer under T3 treatment

年度	类别		株数密度（株/hm²）	算术平均高（cm）	丰富度 S	相对多度 RA（%）	相对频度 RF（%）	相对优势度 RD（%）	重要值 IV（%）
2017-A	乔木树种	总体	7 435	204.7	45	65.74	65.50	73.65	68.30
		常绿	5 535	170.5	34	48.94	47.44	45.68	47.35
		落叶	1 900	304.2	11	16.80	18.06	27.97	20.94
	灌木树种	总体	3 875	140.5	29	34.26	34.50	26.35	31.70
		常绿	2 605	135.9	19	23.03	24.26	17.14	21.48
		落叶	1 270	149.9	10	11.23	10.24	9.21	10.23
2017-B	乔木树种	总体	6 285	183.2	41	67.58	66.46	74.70	69.58
		常绿	5 075	166.0	33	54.57	49.70	54.67	52.98
		落叶	1 210	255.2	8	13.01	16.77	20.03	16.60
	灌木树种	总体	3 015	129.3	26	32.42	33.54	25.30	30.42
		常绿	2 110	126.7	19	22.69	24.70	17.27	21.55
		落叶	905	136.7	7	9.73	8.84	8.03	8.87
2018	乔木树种	总体	17 420 / 17 510	153.5 / 162.2	52 / 52	45.26 / 45.39	62.84 / 64.07	57.42 / 58.92	55.17 / 56.13
		常绿	9 340 / 9 430	152.9 / 169.5	37 / 37	24.27 / 24.44	33.91 / 36.11	30.72 / 33.16	29.63 / 31.24
		落叶	8 080 / 8 080	153.7 / 153.7	15 / 15	20.99 / 20.94	28.93 / 27.96	26.70 / 25.76	25.54 / 24.89

（续）

年度	类别		株数密度（株/hm²）	算术平均高（cm）	丰富度 S	相对多度 RA（%）	相对频度 RF（%）	相对优势度 RD（%）	重要值 IV（%）
2018	灌木树种	总体	20 785 / 20 785	94.1 / 94.1	35 / 35	54.00 / 53.88	34.48 / 33.33	42.05 / 40.57	43.51 / 42.59
		常绿	3 420 / 3 420	138.3 / 138.3	21 / 21	8.89 / 8.86	19.73 / 19.07	10.17 / 9.81	12.93 / 12.58
		落叶	17 365 / 17 365	85.4 / 85.4	14 / 14	45.12 / 45.01	14.75 / 14.26	31.88 / 30.75	30.58 / 30.01
	未识别树种		285 / 285	86.4 / 86.4	1 / 1	0.74 / 0.74	2.68 / 2.59	0.53 / 0.51	1.32 / 1.28
2019	乔木树种	总体	20 435 / 20 525	221.5 / 228.9	50 / 50	46.19 / 46.30	60.87 / 62.04	52.60 / 53.53	53.22 / 53.96
		常绿	10 265 / 10 355	203.2 / 218.1	35 / 35	23.20 / 23.36	31.88 / 33.92	24.25 / 25.73	26.44 / 27.67
		落叶	10 170 / 10 170	239.9 / 239.9	15 / 15	22.99 / 22.94	28.99 / 28.12	28.35 / 27.80	26.78 / 26.29
	灌木树种	总体	23 570 / 23 570	171.4 / 171.4	36 / 36	53.28 / 53.17	36.41 / 35.33	46.96 / 46.04	45.55 / 44.84
		常绿	3 435 / 3 435	182.5 / 182.5	22 / 22	7.76 / 7.75	18.66 / 18.10	7.28 / 7.14	11.24 / 11.00
		落叶	20 135 / 20 135	169.5 / 169.5	14 / 14	45.51 / 45.42	17.75 / 17.22	39.68 / 38.90	34.31 / 33.84
	未识别树种		235 / 235	160.9 / 160.9	1 / 1	0.53 / 0.53	2.72 / 2.64	0.44 / 0.43	1.23 / 1.20
2020	乔木树种	总体	15 455 / 15 545	302.2 / 311.6	50 / 50	48.09 / 48.24	62.95 / 64.16	50.09 / 51.01	53.71 / 54.47
		常绿	7 440 / 7 530	279.3 / 299.1	35 / 35	23.15 / 23.37	32.47 / 34.68	22.29 / 23.71	25.97 / 27.25
		落叶	8 015 / 8 015	323.4 / 323.4	15 / 15	24.94 / 24.87	30.48 / 29.48	27.80 / 27.29	27.74 / 27.21
	灌木树种	总体	16 540 / 16 540	279.4 / 279.4	33 / 33	51.47 / 51.33	34.26 / 33.14	49.56 / 48.65	45.10 / 44.37
		常绿	2 320 / 2 320	252.5 / 252.5	23 / 23	7.22 / 7.20	17.33 / 16.76	6.28 / 6.17	10.28 / 10.04
		落叶	14 220 / 14 220	283.7 / 283.7	10 / 10	44.25 / 44.13	16.93 / 16.38	43.28 / 42.48	34.82 / 34.33
	未识别树种		140 / 140	231.6 / 231.6	1 / 1	0.44 / 0.43	2.79 / 2.70	0.35 / 0.34	1.19 / 1.16

注：2017-A 和 2017-B 分别代表伐前和伐后本底灌木层。

CK 处理下各生长型统计丰富度、相对多度和重要值等各项指标见表 4-5。从丰富度来看，所有年度林分乔木层中乔木树种的物种丰富度均大于灌木树种，且乔木 (灌木) 树种中常绿乔木 (灌木) 的物种丰富度也均大于落叶乔木 (灌木)。对 2018—2020 年林分乔木层而言，是否包含本底乔木层林木对物种丰富度排序没有影响，各生长型物种丰富度排序均为：常绿乔木>常绿灌木>落叶乔木>落叶灌木。2018—2020 年，除落叶灌木丰富度没有变化外，其余生长型的丰富度均逐年递减且年度间减少量基本相同。对重要值而言，无论是否包含本底乔木层林木，各年林分乔木层内乔木树种的重要值均大于灌木树种，常绿树种的重要值也均大于落叶树种，且乔木树种重要值：灌木树种重要值 (或常绿树种重要值：落叶树种重要值) 相对稳定在 7∶3 (包含本底乔木层林木时，乔木树种和灌木树种重要值占比约为 8∶2)。生长型重要值排序在各年均表现一致，在不包含本底乔木层林木时，重要值排序为：常绿乔木>常绿灌木>落叶乔木>落叶灌木，包含本底乔木层林木时，重要值排序为：常绿乔木>落叶乔木>常绿灌木>落叶灌木。从重要值的年变化来看，无论是否包含本底乔木层林木，从 2018—2020 年，乔木树种的重要值逐年增加，灌木树种则表现出相反趋势，其中常绿乔木重要值逐年增加而常绿灌木重要值逐年减少，落叶灌木重要值先增加后减少，但落叶乔木重要值比较稳定。整体来看，各生长型的重要值在不同年度间的差异较小，变动绝对值在 3% 以内，处于较为稳定的状态。在不考虑相对频度对重要值的影响时，无论是否包含本底乔木层林木，落叶灌木的重要值均表现为逐年递减，但其余变化规律均没有改变。

表4-5　CK处理下林分乔木层不同生长型的株数密度、平均高、相对多度、相对频度、相对优势度及重要值年变化

Tab.4-5　Annual changes of density, mean height, relative abundance, relative frequency, relative dominance, and important value of different growth form in arbor layer under CK treatment

年度	类别		株数密度（株/hm²）	算术平均高（cm）	丰富度 S	相对多度 RA（%）	相对频度 RF（%）	相对优势度 RD（%）	重要值 IV（%）
2017	乔木树种	总体	2 590	1 257.5	27	99.04	96.21	99.60	98.28
		常绿	1 935	1 266.2	19	74.00	62.12	74.93	70.35
		落叶	655	1 231.5	8	25.05	34.09	24.67	27.94
	灌木树种	总体	25	526.0	4	0.96	3.79	0.40	1.72
		常绿	25	526.0	4	0.96	3.79	0.40	1.72
		落叶	0	0	0	0	0	0	0
2018	乔木树种	总体	6 120 / 8 645	249.3 / 556.1	40 / 47	66.52 / 73.61	64.48 / 68.51	73.71 / 89.50	68.24 / 77.20
		常绿	4 725 / 6 615	220.7 / 537.8	28 / 33	51.36 / 56.32	47.27 / 49.28	50.38 / 66.24	49.67 / 57.28
		落叶	1 395 / 2 030	346.2 / 615.5	12 / 12	15.16 / 17.28	17.21 / 19.23	23.33 / 23.26	18.57 / 19.93
	灌木树种	总体	3 060 / 3 080	177.2 / 182.6	27 / 28	33.26 / 26.22	34.43 / 30.53	26.20 / 10.47	31.30 / 22.41
		常绿	2 200 / 2 220	184.8 / 192.2	20 / 21	23.91 / 18.90	22.68 / 20.19	19.64 / 7.94	22.08 / 15.68
		落叶	860 / 860	157.9 / 157.9	7 / 7	9.35 / 7.32	11.75 / 10.34	6.56 / 2.53	9.22 / 6.73
	未识别树种		20 / 20	87.0 / 87.0	1 / 1	0.22 / 0.17	1.09 / 0.96	0.08 / 0.03	0.46 / 0.39

（续）

年度	类别		株数密度（株/hm²）	算术平均高（cm）	丰富度 S	相对多度 RA（%）	相对频度 RF（%）	相对优势度 RD（%）	重要值 IV（%）
2019	乔木树种	总体	5 085 / 7 580	312.6 / 644.0	37 / 44	68.72 / 76.45	65.85 / 70.42	75.17 / 89.97	69.91 / 78.95
		常绿	3 890 / 5 755	282.1 / 627.6	27 / 32	52.57 / 58.04	48.78 / 50.79	51.90 / 66.57	51.08 / 58.47
		落叶	1 195 / 1 825	411.7 / 695.6	10 / 12	16.15 / 18.41	17.07 / 19.63	23.27 / 23.40	18.83 / 20.48
	灌木树种	总体	2 305 / 2 325	227.2 / 233.4	23 / 24	31.15 / 23.45	33.54 / 29.06	24.77 / 10.01	29.82 / 20.84
		常绿	1 595 / 1 615	247.1 / 255.9	16 / 17	21.55 / 16.29	19.82 / 17.28	18.64 / 7.62	20.00 / 13.73
		落叶	710 / 710	182.3 / 182.3	7 / 7	9.59 / 7.16	13.72 / 11.78	6.12 / 2.39	9.81 / 7.10
	未识别树种		10 / 10	129.0 / 129.0	1 / 1	0.14 / 0.10	0.61 / 0.52	0.06 / 0.02	0.27 / 0.22
2020	乔木树种	总体	3 955 / 6 345	385.0 / 743.5	35 / 43	69.64 / 78.67	69.69 / 74.35	75.60 / 90.23	71.74 / 81.08
		常绿	3 005 / 4 810	359.0 / 738.5	26 / 31	53.14 / 59.64	52.26 / 54.23	53.56 / 67.94	52.99 / 60.60
		落叶	950 / 1 535	467.2 / 759.1	9 / 12	16.80 / 19.03	17.42 / 20.12	22.03 / 22.29	18.75 / 20.48
	灌木树种	总体	1 700 / 1 720	289.1 / 297.0	18 / 19	30.06 / 21.33	30.31 / 25.65	24.40 / 9.77	28.26 / 18.92
		常绿	1 185 / 1 205	314.2 / 325.0	11 / 12	20.95 / 14.94	18.82 / 16.03	18.49 / 7.49	19.42 / 12.82
		落叶	515 / 515	231.4 / 231.4	7 / 7	9.11 / 6.39	11.50 / 9.62	5.92 / 2.28	8.84 / 6.10
	未识别树种		0 / 0	0 / 0	0 / 0	0 / 0	0 / 0	0 / 0	0 / 0

4.4.2 灌木层树种组成与多样性动态变化

各处理下伐前及伐后林分灌木层多样性指标见表 4-6。从表中可以看出，不同处理下采伐前后林分灌木层均具有丰富的物种丰富度，Shannon-Wiener 指数和均匀度也较高，但生态优势度较低，说明采伐前后灌木层内各树种株数较为均匀。采伐措施均造成一定物种的损失，T1、T2 和 T3 处理下分别损失 4 种、2 种和 7 种，但对 Shannon-Wiener 指数、均匀度和生态优势度的影响很小。

表 4-6 各处理下伐前及伐后林分灌木层物种多样性指标

Tab. 4-6 The diversity indicators of shrub layers before and after cutting under each treatment

处理	年度	丰富度 S	指数 SW	均匀度 E	生态优势度 ED
T1	2017-A	69	4.52	0.74	0.07
	2017-B	65	4.43	0.74	0.07
T2	2017-A	64	4.18	0.70	0.10
	2017-B	62	4.07	0.68	0.12
T3	2017-A	74	4.11	0.66	0.11
	2017-B	67	3.94	0.65	0.14
CK	2017-A	61	4.34	0.73	0.08

2018—2020 年各处理灌木层多样性指标如图 4-7 所示。可以看出，2018 年时 3 种处理下林分灌木层均具有较高的物种丰富度、Shannon-Wiener 指数、均匀度和生态优势度，在 2019 年和 2020 年时，灌木层的物种丰富度、Shannon-Wiener 指数和均匀度更高，但生态优势度较低。对比可知，2018 年时，3 种处理的物种丰富度和生态优势度均显著高于 CK，

Shannon-Wiener 指数和均匀度均明显低于 CK，但 2019 年和 2020 年时 4 种处理下各项指标均比较接近；对于 3 种处理来说，各年、各处理间、各项指标均极为接近，这与乔木层的表现有所不同，说明不同处理对林分灌木层的影响相对更小。在年变化上，2018—2019 年，3 种处理下物种丰富度、Shannon-Wiener 指数和均匀度均出现较为明显的增长，生态优势度则明显下降，此后丰富度持续递增，而其他 3 个指标趋于稳定。

区分生长型统计各年林分灌木层物种丰富度、相对多度和重要值等指标，T1、T2、T3 和 CK 处理下各指标分别见表 4-7、表 4-8、表 4-9 和表 4-10。

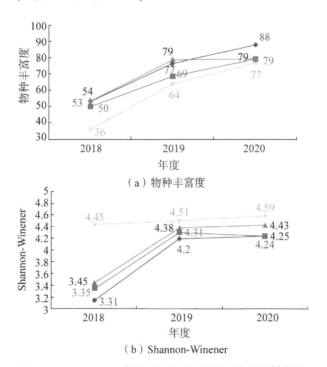

（a）物种丰富度

（b）Shannon-Winener

图 4-7　2018—2020 年各处理下林分灌木层多样性指标
Fig. 4-7 The diversity indicators of shrub layers under each treatment from 2018 to 2020

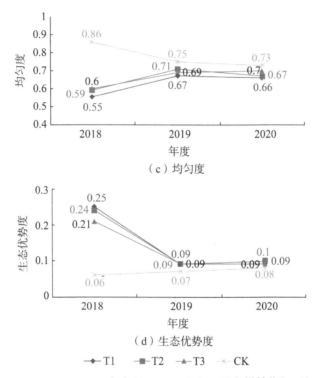

（c）均匀度

（d）生态优势度

◆—T1　■—T2　▲—T3　✕—CK

图 4-7　2018—2020 年各处理下林分灌木层多样性指标（续）

　　T1 处理下，林分灌木层各生长型的丰富度年度表现同乔木层一致，即各年乔木树种的丰富度均大于灌木树种，且常绿树种的丰富度均大于落叶树种，丰富度排序均为常绿乔木>常绿灌木>落叶乔木>落叶灌木。2018—2020 年，所有生长型的丰富度都逐年递增，但增长量均逐年减少（除落叶灌木外）。从重要值来看，3 年乔木树种的重要值均高于灌木树种，2018 年，层内灌木树种和乔木树种的重要值较为接近，从 2019 年起，层内乔木树种的重要值远高于灌木树种；2018 年，层内落叶树种的重要值较常绿树种更高，但 2019 年和 2020 年，层内常绿树种的重要值均大于落叶树种；不同年生长型重要值排序均有所不同，2018 年重要值排序为：落叶灌木>常绿乔木>

表 4-7　T1 处理下林分灌木层不同生长型的株数密度、平均高、相对多度、相对频度、相对优势度及重要值年变化

Tab. 4-7　Annual changes of density, mean height, relative abundance, relative frequency, relative dominance, and important value of different growth form in shrub layer under T1 treatment

年度	类别		株数密度（株/hm²）	算术平均高（cm）	丰富度 S	相对多度 RA（%）	相对频度 RF（%）	相对优势度 RD（%）	重要值 IV（%）
	乔木树种	总体	3 780	40.9	30	42.57	62.84	43.26	49.56
		常绿	2 155	40.9	18	24.27	36.40	24.63	28.43
		落叶	1 625	41.0	12	18.30	26.44	18.63	21.12
2018	灌木树种	总体	4 950	39.8	22	55.74	33.33	55.04	48.04
		常绿	470	41.1	12	5.29	13.03	5.40	7.91
		落叶	4 480	39.6	10	50.45	20.31	49.64	40.13
	未识别树种		150	40.4	1	1.69	3.83	1.70	2.41

（续）

年度	类别		株数密度（株/hm²）	算术平均高（cm）	丰富度 S	相对多度 RA（%）	相对频度 RF（%）	相对优势度 RD（%）	重要值 IV（%）
2019	乔木树种	总体	14 145	66.5	45	65.55	60.74	65.98	64.09
		常绿	10 590	65.6	28	49.07	38.80	48.71	45.53
		落叶	3 555	69.2	17	16.47	21.94	17.27	18.56
	灌木树种	总体	7 190	65.1	31	33.32	36.72	32.86	34.30
		常绿	3 160	64.9	20	14.64	19.17	14.39	16.07
		落叶	4 030	65.3	11	18.67	17.55	18.48	18.23
	未识别树种		245	67.2	1	1.14	2.54	1.16	1.61
2020	乔木树种	总体	17 730	86.4	51	66.03	58.75	63.29	62.69
		常绿	13 555	84.5	33	50.48	37.35	47.31	45.05
		落叶	4 175	92.6	18	15.55	21.40	15.97	17.64
	灌木树种	总体	9 070	97.6	36	33.78	40.08	36.57	36.81
		常绿	4 290	86.4	24	15.98	20.62	15.31	17.30
		落叶	4 780	107.7	12	17.80	19.46	21.26	19.51
	未识别树种		50	71.2	1	0.19	1.17	0.15	0.50

表 4-8　T2 处理下林分灌木层不同生长型的株数密度、平均高、相对多度、相对频度、相对优势度及重要值年变化

Tab. 4-8　Annual changes of density, mean height, relative abundance, relative frequency, relative dominance, and important value of different growth form in shrub layer under T2 treatment

年度	类别		株数密度（株/hm²）	算术平均高(cm)	丰富度 S	相对多度 RA (%)	相对频度 RF (%)	相对优势度 RD (%)	重要值 IV (%)
2017-A	乔木树种	总体	7 355	208.3	39	67.02	66.95	75.50	69.82
		常绿	5 720	189.6	27	52.12	48.85	53.44	51.47
		落叶	1 635	273.7	12	14.90	18.10	22.05	18.35
	灌木树种	总体	3 620	137.4	25	32.98	33.05	24.50	30.18
		常绿	2 885	136.8	19	26.29	23.28	19.45	23.00
		落叶	735	139.6	6	6.70	9.77	5.06	7.17
2017-B	乔木树种	总体	6 425	202.3	38	67.31	66.77	75.95	70.01
		常绿	5 270	188.3	27	55.21	49.55	58.00	54.25
		落叶	1 155	266.1	11	12.10	17.22	17.96	15.76
	灌木树种	总体	3 120	131.9	24	32.69	33.23	24.05	29.99
		常绿	2 480	131.2	18	25.98	23.26	19.02	22.75
		落叶	640	134.5	6	6.71	9.97	5.03	7.24
2018	乔木树种	总体	1 550	40.7	28	34.37	54.79	34.42	41.19
		常绿	985	40.8	20	21.84	36.17	21.94	26.65
		落叶	565	40.4	8	12.53	18.62	12.48	14.54

（续）

年度	类别		株数密度（株/hm²）	算术平均高（cm）	丰富度 S	相对多度 RA（%）	相对频度 RF（%）	相对优势度 RD（%）	重要值 IV（%）
2018	灌木树种	总体	2 910	40.6	21	64.52	41.49	64.45	56.82
		常绿	630	40.8	14	13.97	23.94	14.03	17.31
		落叶	2 280	40.5	7	50.55	17.55	50.42	39.51
	未识别树种		50	41.4	1	1.11	3.72	1.13	1.99
	乔木树种	总体	8 625	65.3	38	48.51	56.84	50.19	51.85
		常绿	6 080	65.2	23	34.20	35.38	35.30	34.96
		落叶	2 545	65.7	15	14.31	21.46	14.89	16.89
2019	灌木树种	总体	9 020	61.1	30	50.73	41.04	49.12	46.96
		常绿	5 010	61.3	20	28.18	23.58	27.33	26.36
		落叶	4 010	61.0	10	22.55	17.45	21.79	20.60
	未识别树种		135	57.0	1	0.76	2.12	0.69	1.19
	乔木树种	总体	11 845	84.1	45	51.77	57.29	52.06	53.71
		常绿	9 095	83.9	27	39.75	35.83	39.88	38.49
		落叶	2 750	84.6	18	12.02	21.46	12.17	15.22
2020	灌木树种	总体	10 945	83.3	33	47.84	41.04	47.65	45.51
		常绿	5 665	77.1	23	24.76	23.33	22.84	23.64
		落叶	5 280	89.9	10	23.08	17.71	24.81	21.87
	未识别树种		90	62.6	1	0.39	1.67	0.29	0.78

表 4-9　T3 处理下林分灌木层不同生长型的株数密度、平均高、相对多度、相对频度、相对优势度及重要值年变化

Tab.4-9　Annual changes of density, mean height, relative abundance, relative frequency, relative dominance, and important value of different growth form in shrub layer under T3 treatment

年度	类别		株数密度（株/hm²）	算术平均高（cm）	丰富度 S	相对多度 RA（%）	相对频度 RF（%）	相对优势度 RD（%）	重要值 IV（%）
2018	乔木树种	总体	2 590	41.3	30	41.41	56.02	41.63	46.35
		常绿	1 115	41.1	19	17.83	30.29	17.85	21.99
		落叶	1 475	41.4	11	23.58	25.73	23.78	24.36
	灌木树种	总体	3 525	40.9	23	56.35	39.42	56.12	50.63
		常绿	600	41.4	13	9.59	19.50	9.66	12.92
		落叶	2 925	40.8	10	46.76	19.92	46.46	37.71
	未识别树种		140	41.2	1	2.24	4.56	2.25	3.02

（续）

年度	类别		株数密度（株/hm²）	算术平均高（cm）	丰富度 S	相对多度 RA（%）	相对频度 RF（%）	相对优势度 RD（%）	重要值 IV（%）
2019	乔木树种	总体	11 335	66.6	44	54.01	52.90	55.06	53.99
		常绿	7 940	65.9	30	37.84	32.16	38.15	36.05
		落叶	3 395	68.3	14	16.18	20.75	16.91	17.95
	灌木树种	总体	9 335	63.9	34	44.48	43.98	43.51	43.99
		常绿	3 965	62.5	21	18.89	22.61	18.07	19.86
		落叶	5 370	64.9	13	25.59	21.37	25.43	24.13
	未识别树种		315	62.5	1	1.50	3.11	1.44	2.02
2020	乔木树种	总体	14 260	88.5	42	57.70	53.38	57.65	56.25
		常绿	10 320	87.3	30	41.76	31.95	41.16	38.29
		落叶	3 940	91.7	12	15.94	21.43	16.49	17.95
	灌木树种	总体	10 105	89.2	36	40.89	43.80	41.16	41.95
		常绿	5 095	80.5	22	20.62	23.12	18.73	20.82
		落叶	5 010	98.0	14	20.27	20.68	22.43	21.13
	未识别树种		350	74.5	1	1.42	2.82	1.19	1.81

表 4-10 CK 处理下林分灌木层不同生长型的株数密度、平均高、相对多度、相对频度、
相对优势度及重要值年变化

Tab. 4-10 Annual changes of density, mean height, relative abundance, relative frequency, relative dominance,
and important value of different growth form in shrub layer under CK treatment

年度	类别		株数密度 （株/hm²）	算术平均 高（cm）	丰富度 S	相对多度 RA（%）	相对频度 RF（%）	相对优势度 RD（%）	重要值 IV（%）
2018	乔木树种	总体	495	41.3	22	50.25	56.41	50.38	52.35
		常绿	450	41.1	17	45.69	48.72	45.64	46.68
		落叶	45	42.7	5	4.57	7.69	4.73	5.66
	灌木树种	总体	470	41.0	13	47.72	40.17	47.55	45.15
		常绿	325	41.4	9	32.99	29.06	33.15	31.73
		落叶	145	40.3	4	14.72	11.11	14.40	13.41
	未识别树种		20	42.0	1	2.03	3.42	2.07	2.51

（续）

年度		类别	株数密度（株/hm²）	算木平均高（cm）	丰富度 S	相对多度 RA（%）	相对频度 RF（%）	相对优势度 RD（%）	重要值 IV（%）
2019	乔木树种	总体	3 015	64.6	36	53.89	59.26	54.15	55.77
		常绿	2 575	64.5	24	46.02	43.77	46.17	45.32
		落叶	440	65.3	12	7.86	15.49	7.98	10.44
	灌木树种	总体	2 545	64.1	27	45.49	38.38	45.35	43.08
		常绿	1 535	60.6	19	27.44	24.92	25.83	26.06
		落叶	1 010	69.5	8	18.05	13.47	19.52	17.01
	未识别树种		35	50.9	1	0.63	2.36	0.49	1.16
2020	乔木树种	总体	4 380	83.2	44	57.18	59.94	57.30	58.14
		常绿	3 750	83.2	30	48.96	43.80	49.06	47.27
		落叶	630	83.1	14	8.22	16.14	8.23	10.87
	灌木树种	总体	3 270	82.9	32	42.69	39.48	42.62	41.60
		常绿	2 030	77.8	23	26.50	24.50	24.82	25.27
		落叶	1 240	91.3	9	16.19	14.99	17.80	16.32
	未识别树种		10	56.0	1	0.13	0.58	0.09	0.26

落叶乔木>常绿灌木，2019 年重要值排序为：常绿乔木>落叶乔木>落叶灌木>常绿灌木，2020 年重要值排序为：常绿乔木>落叶灌木>落叶乔木>常绿灌木；2018—2020 年，乔木树种总体和常绿乔木的重要值均先增加后减少，落叶乔木的重要值逐年递减，灌木树种总体和落叶灌木的重要值均先减少后增加，常绿灌木的重要值逐年递增。

在不考虑相对频度对重要值的影响时，各年及各生长型的重要值相对大小顺序有以下调整：2018 年灌木树种的重要值大于乔木树种，2019 年重要值排序为：常绿乔木>落叶灌木>落叶乔木>常绿灌木。各生长型的重要值年变化规律与考虑相对频度时的表现一致。

对 T2 处理来说，不同年灌木层内乔木树种的丰富度均高于灌木树种，且常绿乔木和常绿灌木的丰富度分别高于落叶乔木和落叶灌木，丰富度排序均为常绿乔木>常绿灌木>落叶乔木>落叶灌木。2018—2020 年，乔木树种、灌木树种、常绿乔木、落叶乔木和常绿灌木的丰富度均逐年增加，落叶灌木先增加后趋于稳定。从重要值来看，2018 年时层内乔木树种的重要值小于灌木树种且常绿树种的重要值小于落叶树种，重要值排序为：落叶灌木>常绿乔木>常绿灌木>落叶乔木；2019 年和2020 年时层内乔木树种的重要值均大于灌木树种，且常绿树种的重要值均大于落叶树种，重要值排序均为常绿乔木>常绿灌木>落叶灌木>落叶乔木。2018—2020 年，乔木树种和常绿乔木的重要值均为递增趋势，而灌木树种的重要值逐年减少，但减少量和减少率均从 2019 年开始下降，落叶乔木和常绿灌木的重要值均先增加后减少，落叶灌木的重要值先减少后增加。在不考虑相对频度对重要值的影响时，各生长型重要值排序及年变化规律均与考虑相对频度时的表现一致。

　　从表4-9可知，对于T3处理，不同年灌木层内乔木树种的丰富度均高于灌木树种，且常绿乔木和常绿灌木的丰富度分别高于落叶乔木和落叶灌木，2018年和2019年的丰富度排序均为：常绿乔木>常绿灌木>落叶乔木>落叶灌木，2020年落叶灌木的丰富度较落叶乔木更高，其他2种生长型的丰富度相对顺序无变化。2018—2019年，乔木树种和灌木树种的丰富度均有明显增加，分别增加14种和11种；2019—2020年，各生长型的丰富度变化较小。从重要值来看，2018年时层内乔木树种的重要值小于灌木树种且常绿树种的重要值小于落叶树种，重要值排序为：落叶灌木>落叶乔木>常绿乔木>常绿灌木；2019年和2020年时乔木树种的重要值均大于灌木树种，且常绿树种的重要值均大于落叶树种，重要值排序均为常绿乔木>落叶灌木>常绿灌木>落叶乔木。2018—2020年，乔木树种整体、常绿乔木和常绿灌木的重要值均为递增趋势，而灌木树种整体和落叶灌木的重要值均逐年减少，但增长(减少)量和增长(减少)率均从2019年开始下降，落叶乔木的重要值从2018—2019年表现为减少，2019年和2020年的重要值无变化，但其2020年的株数密度相较于2019年更少。在不考虑相对频度对重要值的影响时，仅落叶乔木的重要值年变化规律发生改变，表现为逐年递减。

　　CK处理下2018—2020年灌木层各生长型的丰富度、相对多度和重要值等指标见表4-10。从丰富度来看，不同年灌木层内乔木树种的丰富度均高于灌木树种，且常绿乔木和常绿灌木的丰富度分别高于落叶乔木和落叶灌木。3年的丰富度排序均为常绿乔木>常绿灌木>落叶乔木>落叶灌木。2018—2020年，乔木树种和灌木树种的丰富度均有明显增加，各生长型丰富度均呈递增趋势。从重要值来看，3 年乔木树种的重要值均大于灌木树种，常绿树种重要值均大于落叶树种，重要值排序均为常绿乔木>常绿灌木>落叶灌木>落叶乔木。2018—2020 年，乔木树种和落叶乔木的重要值均为递增趋势，灌木树种和常绿灌木的重要值则逐年递减，常绿乔木的重要值先减少后增加，而落叶灌木的重要值则先增加后减少。尽管各生长型的重要值表现出一定的变化趋势，但变化量的绝对值均较小。在不考虑相对频度对重要值的影响时，仅常绿乔木的重要值年变化趋势发生改变，表现为逐年增加。

4.5　讨　论

研究表明，间伐通过砍伐和移除部分林木减少了冠层密度，这有利于增强林内透光率和光照强度（Hale，2003；Liu et al.，2019；Ma et al.，2010），使林下植被获得更多的营养和生长空间，进而影响林下植被的组成和结构（Ares et al.，2010；Dang et al.，2018；Zhou et al.，2016），是增加林下植被多样性的有效途径。但不同采伐强度和方式对林下植被更新的影响不同，Deng et al.（2020）对马尾松人工林不同间伐强度的研究表明，林下灌木层物种丰富度和多样性与间伐强度呈非线性相关，且在间伐强度为 50%~60% 时，物种丰富度和多样性最高，太低或太高的间伐强度将无法为灌木的补充创造最佳的微环境（Trentin et al.，2017）；徐雪蕾（2020）对杉木人工林的研究也表明间伐强度显著影响林下植被的群落组成，50% 强度间伐后林下已经形成较为稳定的群落；但也有研究提出间伐

对林下植被几乎没有影响（成向荣等，2014）或造成负面影响
（Cheng et al.，2017）。虽然本研究中的3种采伐方式不同于传
统意义上的间伐，但在伐后1年间，3种采伐方式下林分内均
出现数量庞大且物种多样性丰富的天然更新，对照处理下同样
出现天然更新，但株数密度和丰富度都远低于其他3种采伐方
式，这也说明减少林分冠层密度有利于促进林下植被的更新并
增加林分生物多样性。

4.6　小　结

　　本章对实施不同采伐措施后林分特征的动态变化进行了探
讨分析，结果表明：

　　①T1处理下，从伐后到2020年，林分整体和乔木层的株
数密度先增加后减少，在2019年达到最大值，此后开始下降，
灌木层的株数密度、林分总平均高、乔木层平均高和灌木层平
均高均逐年递增，但增长量和增长率均在2019年达到顶峰，
此后增长速率开始变缓。对多样性指标来说，从伐后到2020
年，乔木层物种丰富度先增加后减少，Shannon-Wiener指数和
均匀度大致表现为逐年递减，生态优势度表现为逐年递增，除
生态优势度和Shannon-Wiener指数外，其余2个指标均在
2019年达最大值，此后开始出现趋势或速率上的变化；从伐
后到2018年，灌木层的物种丰富度、Shannon-Wiener指数和
均匀度下降，生态优势度增加，此后丰富度和Shannon-Wiener
指数均表现为逐年递增。从伐后到2018年，乔木层内乔木和
灌木树种的丰富度均有较大增长，此后，乔木和常绿乔木的丰
富度逐年减少，灌木和常绿灌木的丰富度先增加后减少，落叶

乔木和落叶灌木的丰富度比较稳定；乔木层内各生长型的重要值排序在年度间稍有变化，2018 年和 2019 年表现为落叶灌木>常绿乔木>落叶乔木>常绿灌木，2020 年表现为落叶灌木>落叶乔木>常绿乔木>常绿灌木；从 2018—2020 年，乔木层内乔木树种总体和常绿乔木的重要值均逐年减少，落叶乔木的重要值先增加后减少，但都较为稳定的维持在 24% 左右，灌木树种总体和落叶灌木的重要值均逐年递增，常绿灌木的重要值则逐年递减。从 2018—2020 年，灌木层所有生长型的丰富度均逐年递增，但增长量均逐年减少（除落叶灌木外）；灌木层各生长型的重要值排序在不同年均有改变，常绿乔木的重要值逐渐超过落叶灌木位列第一，但常绿灌木的重要值始终最小；从 2018—2020 年，灌木层内乔木树种总体和常绿乔木的重要值均先增加后减少，落叶乔木的重要值逐年递减，灌木树种总体和落叶灌木的重要值均先减少后增加，常绿灌木的重要值逐年递增。

②T2 处理下，从伐后到 2020 年，林分整体株数密度逐年递增、平均高先减少后增加，2018—2020 年，乔木层株数密度先增加后减少，乔木层平均高、灌木层株数密度和平均高均逐年递增。在树种组成和多样性方面，对乔木层来说，从伐后到 2020 年，物种丰富度和 Shannon-Wiener 指数均先增加后减少，均匀度逐年递减但下降幅度逐渐变小，生态优势度大致呈递增趋势但年度间差异不大，从 2019 年起，各指标开始趋于稳定或出现趋势、速率上的变化；从伐后到 2018 年，乔木层内乔木和灌木树种的丰富度均有较大增长，此后乔木树种、常绿乔木和落叶乔木的丰富度均比较稳定，灌木树种、常绿灌木和落叶灌木的丰富度出现小幅波动；乔木层各生长型的重要值

均表现为乔木树种>灌木树种，且常绿乔木>落叶乔木，落叶灌木>常绿灌木，但排序在年度间有所不同，2018—2020 年，乔木树种、常绿乔木和常绿灌木的重要值逐年减少，而灌木树种和落叶灌木的重要值逐年增加，落叶乔木的重要值先增加后减少。对于灌木层来说，从伐后到 2020 年，物种丰富度先减少后增加，Shannon-Wiener 指数和均匀度均先减少后增加之后趋于稳定，生态优势度则先增加后减少之后趋于稳定；2018—2019 年，各生长型的丰富度均有明显增加，此后，各生长型的丰富度变化较小；各生长型的重要值排序在不同年度有所不同，2019 年时乔木树种的重要值超过灌木树种，且常绿乔木的重要值超过落叶灌木，位列第一，2018—2020 年，乔木树种、常绿乔木的重要值均为递增趋势，灌木树种的重要值逐年递减，落叶乔木和常绿灌木的重要值先增加后减小，落叶灌木的重要值则先减少后增加。

③T3 处理下，从伐后到 2020 年，林分整体株数密度先增加后减少，平均高先减少后增加，2018—2020 年，乔木层株数密度先增加后减少，平均高逐年递增，灌木层株数密度和平均高均逐年递增。在树种组成和多样性方面，对乔木层来说，从伐后到 2018 年，各多样性指标均有较大变化，物种丰富度和生态优势度增加，但 Shannon-Wiener 指数和均匀度减小，2018—2020 年，除物种丰富度逐年减少外其他 3 个指标基本没有变化；从伐后到 2018 年，乔木和灌木树种的丰富度均有较大增长，到 2019 年时，乔木树种和常绿乔木的丰富度略有减少，但灌木树种和常绿灌木的丰富度略有增加，落叶乔木和落叶灌木的丰富度没有变化，此后乔木树种、常绿乔木和落叶乔木的丰富度均趋于稳定，而灌木树种则持续减少；乔木层各

生长型的重要值均表现为乔木树种>灌木树种，且常绿树种<落叶树种，尽管各生长型的重要值排序年度间略有变化，但落叶灌木的重要值始终最高，常绿灌木的重要值始终最低，2018—2020 年，乔木树种的重要值先减少后增加，灌木树种则相反，常绿乔木和常绿灌木的重要值均逐年减少，落叶乔木和落叶灌木的重要值均逐年增加。整体来看，各生长型的重要值在不同年度间的变动较小，处于较为稳定的状态。对灌木层来说，从伐后到 2018 年，物种丰富度、Shannon-Wiener 指数和均匀度下降，生态优势度增加，此后，丰富度和均匀度先增加后趋于稳定、Shannon-Wiener 指数逐年增加、生态优势度先减少后趋于稳定；2018—2019 年，各生长型的丰富度均有明显增加，此后，各生长型的丰富度变化较小；各生长型的重要值排序在不同年度有所不同，2019 年时乔木树种和常绿树种的重要值分别超过灌木树种和落叶树种，常绿乔木的重要值位列第一，此后趋于稳定；2018—2020 年，乔木树种、常绿乔木和常绿灌木的重要值均为递增趋势，而灌木树种和落叶灌木的重要值均逐年减少，落叶乔木的重要值先减少后趋于稳定。

④CK 处理下，从 2017 年到 2020 年，林分整体株数密度逐年增加，整体平均高从 2017 年到 2019 年逐年减少，2020 年与 2019 年相当，2018—2020 年，乔木层株数密度逐年下降、平均高逐年递增，灌木层的株数密度和平均高均逐年递增。在树种组成和多样性方面，对乔木层来说，2018—2020 年，物种丰富度逐年减少，Shannon-Winner 指数 2018—2019 年稍有下降，但 2020 年几乎与 2019 年相等，其余 2 个指标在年度间基本没有变化；2018—2020 年，除落叶灌木丰富度没有变化外，其余生长型的丰富度均逐年递减且年度间减少量基本相

同；乔木层各生长型的重要值表现在年度间没有变化，均为乔木树种>灌木树种，且常绿树种>落叶树种，乔木树种的重要值逐年增加，灌木树种则表现出相反趋势，其中常绿乔木重要值逐年增加而常绿灌木重要值逐年减少，落叶灌木重要值先增加后减少，但落叶乔木重要值比较稳定。对灌木层来说，2018—2020 年，物种丰富度、Shannon－Wiener 指数和生态优势度均逐年增加，均匀度逐年减少，其中物种丰富度增量较大，其余 3 个指标的年变化量都较小；灌木层所有生长型的丰富度均逐年递增，但增长量均逐年减少，不同年度各生长型的重要值排序没有发生改变，乔木树种和落叶乔木的重要值均为递增趋势，灌木树种和常绿灌木的重要值则逐年递减，常绿乔木的重要值先减少后增加，而落叶灌木的重要值则先增加后减少。

第5章　成功转型的天然阔叶林特征

本章基于第 4 章的结论，采用 2019 年 12 月马尾松样地复测数据分析了由马尾松人工林转型的 2 年生天然阔叶林特征，并结合邓恩桉和巨桉人工林样地数据，探讨了由邓恩桉人工林和巨桉人工林成功转型的 7 年生丝栗栲天然林和 13 年生青冈栎天然林特征。

5.1　数据整理

本章采用 2019 年 12 月马尾松样地复测数据和 2019 年 3 月邓恩桉和巨桉样地调查数据进行由人工林转型的天然阔叶林特征分析。由于转型的林分均处于高度郁闭的幼林阶段，其乔木层林木不能按常规的理解与定义(即所有胸径 ≥5 cm 以上的林木)，因此利用最大受光面法对林分划分乔木层和灌木层，将乔木层定义为所有树冠能接受到垂直光照的林木，也就是常规中亚热带天然阔叶林中所有受光层林木(庄崇洋等，2017)组成的层次，灌木层定义为树高 ≥0.33 m 且未达乔木层林木标准的所有林木(包括乔木幼树、灌木和半灌木)组成的层次。马尾松样地 2019 年的林分最大受光面高度为 1.0 m，邓恩桉和巨桉样地 2019 年最大受光面高度均为 3.5 m。对于桉树样地，将停止所有人为经营活动之时定义为新林分的年龄计测起点，即由邓恩桉人工林转型的丝栗栲天然林的年龄计测起点为邓恩桉完成截干萌芽之时(2012年3月),由巨桉人工林转型的青冈栎天然林的年龄计测起点为巨桉人工林完成幼林抚育之时(2005年年底),至2019年复测时由邓恩桉、巨桉人工林转型的丝栗栲、青冈栎天然林的年龄分别为7年和13年。

5.2　研究方法

从林分生长、树种组成和多样性角度分析由人工林转型的天然阔叶林特征。林分生长包括林分主要测树因子(株数密度、平均胸径、平均高、单位面积蓄积量等)以及林分结构(直径和树高结构)。采用物种丰富度、物种多样性指数、均匀度、生态优势度等指标反映物种多样性。各指标计算公式见本书3.2.1一节。

对于由桉树人工林转型的天然阔叶林的灌木层来说,在计算树种重要值时用树高代替胸径计算相对优势度。对于由马尾松人工林转型的天然阔叶林来说,在计算乔木层和灌木层树种的重要值时均用树高代替胸径计算相对优势度。

5.3　T1 处理转型的 2 年生天然阔叶林特征

5.3.1　乔木层树种组成与多样性特征

乔木层的株数密度为 47 670 株/hm²,平均高 1.91 m,其中萌生林木的株数密度为 13 160 株/hm²,占乔木层总株数的27.61%,平均高为 1.83 m。主要萌生树种有杉木(4 340 株/

hm²)、木荷(1 185株/hm²)、丝栗栲(1 020株/hm²)、赛山梅(1 010株/hm²)和拟赤杨(990株/hm²)等,其中杉木的比重最大,占总萌生个体数的32.98%,占乔木层杉木总株数的90.79%。

乔木层的物种丰富度、Shannon-Wiener指数、均匀度和生态优势度分别为90、3.29、0.51和0.25。对于未识别树种不再进行区分,物种数记为1,且不划分生长型。从科属分布来看,除未识别树种外,89个树种隶属于38科62属,38个科中,树种数最多的为山茶科和樟科,均各有10种,其次是大戟科有6种,冬青科和壳斗科各有5种,有21个科均只有1种。各树种的相对多度、相对频度、相对优势度和重要值见表5-1(仅列出重要值>1%的树种),层内有20个树种的重要值超过1%,其重要值总和为83.46%,山苍子(*Litsea cubeba*)是乔木层的优势种,其相对多度(48.01%)、相对频度(3.81%)、相对优势度(46.04%)和重要值(32.62%)均为层内最高。

区分生长型来看,乔木层内乔木树种和灌木树种分别有51种和38种,株数密度分别为19 965株/hm²和27 550株/hm²,平均高分别为2.05 m和1.80 m,未识别树种的株数密度和平均高分别为155株/hm²和1.66 m。层内针叶树种有杉木和马尾松2种,二者占乔木层总株数的10.05%,占乔木树种总株数的23.99%,重要值总和为7.55%,但马尾松的株数密度仅有10株/hm²。87个阔叶树种中常绿和落叶树种分别有51种和36种,常绿阔叶树的相对多度和重要值分别为19.43%和28.26%,其中常绿阔叶乔木的丰富度、相对多度和重要值分别为28、12.43%和18.16%,常绿阔叶灌木的丰富度、相对多度和重要值分别为23、7.00%和10.10%;落叶阔

表 5-1　T1 处理下转型的天然阔叶林乔木层树种重要值

Tab. 5-1　Important value of tree species in arbor layer of natural broad-leaved forest converted under T1 treatment

序号	树种	相对多度 RA（%）	相对频度 RF（%）	相对优势度 RD（%）	重要值 IV（%）
1	山苍子 (Litsea cubeba)	48.01	3.81	46.04	32.62
2	杉木 (Cunninghamia lanceolata)	10.03	3.24	8.97	7.41
3	东南野桐 (Mallotus lianus)	5.91	3.62	5.37	4.96
4	檫木 (Sassafras tzumu)	4.01	3.81	4.77	4.19
5	丝栗栲 (Castanopsis fargesii)	3.45	3.81	3.67	3.64
6	赛山梅 (Styrax confusus)	3.14	3.05	4.41	3.53
7	拟赤杨 (Alniphyllum fortunei)	2.57	3.62	4.12	3.44
8	木荷 (Schima superba)	3.25	3.62	3.32	3.40
9	细枝柃 (Eurya loquaiana)	3.31	3.62	2.83	3.25
10	青冈栎 (Cyclobalanopsis glauca)	1.68	2.48	1.83	1.99
11	荚蒾 (Viburnum dilatatum)	1.31	3.24	1.10	1.88
12	枫香树 (Liquidambar formosana)	1.35	2.86	1.42	1.88
13	大叶山矾 (Symplocos grandis)	1.24	3.05	1.18	1.82
14	黄瑞木 (Adinandra millettiiv)	0.90	3.05	1.03	1.66
15	米槠 (Castanopsis carlesii)	0.68	2.86	0.75	1.43
16	山乌桕 (Sapium discolor)	0.63	2.86	0.71	1.40

（续）

序号	树种	相对多度 RA（%）	相对频度 RF（%）	相对优势度 RD（%）	重要值 IV（%）
17	南酸枣（*Choerospondias axillaris*）	0.43	2.86	0.59	1.29
18	山油麻（*Trema cannabina* var. *dielsiana*）	0.67	2.48	0.65	1.26
19	千年桐（*Vernicia montana*）	0.58	2.29	0.77	1.21
20	细齿叶柃（*Eurya nitida*）	0.81	1.90	0.81	1.18
	其他 70 个树种	6.05	37.90	5.68	16.54
	合计	100	100	100	100

注：其他 70 个树种包括红楠 *Machilus thunbergii*、格药柃 *Eurya muricata*、黄毛润楠 *Machilus chrysotricha*、大青 *Clerodendrum cyrtophyllum*、油桐 *Vernicia fordii*、润楠 *Machilus pingii*、秤星树 *Ilex asprella*、刨花润楠 *Machilus pauhoi*、漆树 *Toxicodendron vernicifluum*、盐肤木 *Rhus chinensis*、毛冬青 *Ilex pubescens*、虎皮楠 *Daphniphyllum oldhami*、梧桐 *Firmiana simplex*、多穗石栎 *Lithocarpus poplystachyus*、楤木 *Aralia elata*、紫珠 *Callicarpa bodinieri*、糙叶树 *Aphananthe aspera*、山黄皮 *Aidia cochinchinensis*、山矾 *Symplocos sumuntia*、福建青冈 *Cyclobalanopsis chungii*、深山含笑 *Michelia maudiae*、木姜子 *Litsea pungens*、冬青 *Ilex chinensis*、笔罗子 *Meliosma rigida*、赤楠 *Syzygium buxifolium*、粗叶木 *Lasianthus chinensis*、四照花 *Dendrobenthamia elegans*、白背叶野桐 *Mallotus apelta*、山胡椒 *Lindera glauca*、福建山矾 *Symplocos fukienensis*、枇杷叶紫珠 *Callicarpa kochiana*、短尾越橘 *Vaccinium carlesii*、厚皮香 *Ternstroemia gymnanthera*、朱砂根 *Ardisia crenata*、八角枫 *Alangium chinense*、亮叶桦 *Betula luminifera*、枳椇 *Hovenia acerba*、薯豆 *Elaeocarpus japonicus*、马尾松 *Pinus massoniana*、香叶树 *Lindera communis*、矩叶鼠刺 *Itea oblonga*、山茶 *Camellia japonica*、猴欢喜 *Sloanea sinensis*、无患子 *Sapindus mukorossi*、杜虹花 *Callicarpa formosana*、石梓 *Gmelina chinensis*、白花龙 *Styrax faberi*、福建山樱花 *Cerasus campanulata*、绿樟 *Meliosma squamulata*、香樟 *Cinnamomum camphora*、树参 *Dendropanax dentiger*、泡桐 *Paulownia fortunei*、杜英 *Elaeocarpus decipiens*、延平柿 *Diospyros tsangii*、五月茶 *Antidesma bunius*、狗骨柴 *Diplospora dubia*、天仙果 *Ficus erecta* var. *beecheyana*、岭南花椒 *Zanthoxylum austrosinense*、台湾冬青 *Ilex formosana*、广东冬青 *Ilex kwangtungensis*、变叶榕 *Ficus variolosa*、石笔木 *Tutcheria championi*、茶 *Camellia sinensis*、柿 *Diospyros kaki*、水团花 *Adina pilulifera*、鼠刺 *Itea chinensis*、杜茎山 *Maesa japonica*、红叶树 *Helicia cochinchinensis*、油茶 *Camellia oleifera* 和未识别树种。

叶树的相对多度和重要值分别为 70.20% 和 63.42%，其中落叶阔叶乔木的丰富度、相对多度和重要值分别为 21%、19.40% 和 24.89%，落叶阔叶灌木的丰富度、相对多度和重要值分别为 15%、50.80% 和 38.53%。

5.3.2 灌木层树种组成与多样性特征

灌木层的株数密度为 21 580 株/hm²，平均高 0.66 m，其中萌生林木的株数密度为 11 345 株/hm²，占灌木层总株数的 52.57%，平均高为 0.67 m。主要萌生树种有杉木、木荷、丝栗栲和细枝柃等，其中杉木的比重最大，占总萌生个体的 30.94%，占灌木层杉木总株数的 91.53%。

灌木层的物种丰富度、Shannon-Wiener 指数、均匀度和生态优势度分别为 77%、4.20%、0.67% 和 0.09%。与乔木层相比，灌木层的物种丰富度和生态优势度更低，但 Shannon-Wiener 指数和均匀度更高。各树种的相对多度、相对频度、相对优势度和重要值见表 5-2（仅列出重要值>1% 的树种），可以看出，相对于乔木层来说，灌木层内各树种的数量分布更加均匀，层内没有占据绝对优势地位的树种。在科属分布上，除未识别树种外，76 个树种隶属于 32 科 46 属，32 个科中樟科的物种数最多，有 9 种，其次是山茶科有 7 种，大戟科和山矾科各有 6 种，有 18 个科均仅有 1 种。

区分生长型来看，灌木层内乔木树种和灌木树种分别有 45 种和 31 种，二者的株数密度分别为 14 145 株/hm² 和 7 190 株/hm²，平均高分别为 0.66 m 和 0.65 m，层内未识别树种的株数密度和平均高分别为 245 株/hm² 和 0.67 m。常绿树种是灌木层的主体，层内常绿和落叶树种分别有 48 和 28 种，常绿

表 5-2　T1 处理下转型的天然阔叶林灌木层树种重要值

Tab. 5-2　Important value of tree species in shrub layer of natural
broad-leaved forest converted under T1 treatment

序号	树种	相对多度 RA(%)	相对频度 RF(%)	相对优势度 RD(%)	重要值 IV(%)
1	杉木 (Cunninghamia lanceolata)	17.77	3.23	18.65	13.22
2	木荷 (Schima superba)	13.42	4.39	12.54	10.11
3	山苍子 (Litsea cubeba)	12.19	4.16	12.04	9.46
4	东南野桐 (Mallotus lianus)	11.33	4.62	11.73	9.23
5	细枝柃 (Eurya loquaiana)	6.77	4.39	6.81	5.99
6	丝栗栲 (Castanopsis fargesii)	5.14	4.16	5.32	4.87
7	荚蒾 (Viburnum dilatatum)	3.80	3.93	3.71	3.81
8	青冈栎 (Cyclobalanopsis glauca)	3.94	3.00	4.01	3.65
9	马尾松 (Pinus massoniana)	2.50	3.70	1.70	2.63
10	大叶山矾 (Symplocos grandis)	2.09	3.46	2.22	2.59
11	黄瑞木 (Adinandra millettii)	1.97	3.46	1.87	2.44
12	檫木 (Sassafras tzumu)	1.30	3.23	1.48	2.00
13	枫香树 (Liquidambar formosana)	1.04	2.77	1.11	1.64
14	未识别	1.14	2.54	1.16	1.61
15	细齿叶柃 (Eurya nitida)	1.30	2.08	1.24	1.54
16	赛山梅 (Styrax confusus)	0.83	2.77	0.94	1.52

（续）

序号	树种	相对多度 RA(%)	相对频度 RF(%)	相对优势度 RD(%)	重要值 IV(%)
17	米槠 (*Castanopsis carlesii*)	0.76	2.31	0.84	1.30
18	润楠 (*Machilus pingii*)	0.70	2.54	0.63	1.29
19	山油麻 (*Trema cannabina* var. *dielsiana*)	0.93	1.85	0.99	1.26
20	拟赤杨 (*Alniphyllum fortunei*)	0.70	2.31	0.72	1.24
21	毛冬青 (*Ilex pubescens*)	1.04	1.62	0.99	1.22
22	山乌桕 (*Sapium discolor*)	0.49	2.31	0.45	1.08
	其他 55 个树种	8.87	31.18	8.85	16.30
	合计	100	100	100	100

注：其他 55 个树种包括黄毛润楠 *Machilus chrysotricha*、红楠 *Machilus thunbergii*、格药柃 *Eurya muricata*、朱砂根 *Ardisia crenata*、山黄皮 *Aidia cochinchinensis*、盐肤木 *Rhus chinensis*、秤星树 *Ilex asprella*、紫珠 *Callicarpa bodinieri*、虎皮楠 *Daphniphyllum oldhami*、白背叶野桐 *Mallotus apelta*、大青 *Clerodendrum cyrtophyllum*、楤木 *Aralia elata*、香叶树 *Lindera communis*、短尾越橘 *Vaccinium carlesii*、山矾 *Symplocos sumuntia*、深山含笑 *Michelia maudiae*、漆树 *Toxicodendron vernicifluum*、南酸枣 *Choerospondias axillaris*、山胡椒 *Lindera glauca*、狗骨柴 *Diplospora dubia*、多穗石栎 *Lithocarpus poplystachyus*、笔罗子 *Meliosma rigida*、福建山矾 *Symplocos fukienensis*、千年桐 *Vernicia montana*、木姜子 *Litsea pungens*、树参 *Dendropanax dentiger*、福建青冈 *Cyclobalanopsis chungii*、枇杷叶紫珠 *Callicarpa kochiana*、杜茎山 *Maesa japonica*、冬青 *Ilex chinensis*、厚壳树 *Ehretia acuminata*、糙叶树 *Aphananthe aspera*、赤楠 *Syzygium buxifolium*、四照花 *Dendrobenthamia elegans*、华山矾 *Symplocos paniculata*、刨花润楠 *Machilus pauhoi*、矩叶鼠刺 *Itea oblonga*、柿 *Diospyros kaki*、红叶树 *Helicia cochinchinensis*、粗叶榕 *Ficus hirta*、亮叶桦 *Betula luminifera*、山血丹 *Ardisia punctata*、大叶冬青 *Ilex latifolia*、茶 *Camellia sinensis*、五月茶 *Antidesma bunius*、广东冬青 *Ilex kwangtungensis*、野柿 *Diospyros kaki* var. *silvestris*、无患子 *Sapindus mukorossi*、光叶山矾 *Symplocos lancifolia*、密花山矾 *Symplocos congesta*、油桐 *Vernicia fordii*、野含笑 *Michelia skinneriana*、粗叶木 *Lasianthus chinensis*、山茶 *Camellia japonica*、多花山竹子 *Garcinia multiflora*。

树种的相对多度(63.72%)、相对优势度(63.10%)和重要值(61.59%)均远高于落叶树种。常绿树种中,乔木和灌木分别有 28 种和 20 种,且乔木树种的相对多度(49.07%)、相对频度(38.80%)、相对优势度(48.71%)和重要值(45.53%)均远高于灌木树种,常绿乔木以杉木、木荷、丝栗栲和青冈栎为主,而常绿灌木以细枝柃、黄瑞木和细齿叶柃为主。落叶树种中,乔木和灌木分别有 17 和 11 种,灌木树种的相对多度(18.67%)和相对优势度(18.48%)均高于乔木树种,但乔木树种的相对频度(21.94%)和重要值(18.56%)较灌木树种更高,落叶乔木中东南野桐(*Mallotus lianus*)的株数占比高达 68.78%,落叶灌木则以山苍子和荚蒾为主,其株数占比分别为 65.26% 和 20.35%。

5.4　T2 处理转型的 2 年生天然阔叶林特征

5.4.1　乔木层树种组成与多样性特征

乔木层的株数密度为 24 495 株/hm^2,平均高 2.28 m,其中保留自本底乔木层的阔叶树株数密度为 800 株/hm^2,平均胸径 12.0 cm,树高范围为 6.2~18.0 m,算术平均高 12.3 m。萌生林木的株数密度为 6 240 株/hm^2,占乔木层总株数的 25.47%,平均高为 1.62 m。主要萌生树种有杉木(3 690 株/hm^2)、赛山梅(430 株/hm^2)、和细枝柃(410 株/hm^2)等,其中杉木的比重最大,占总萌生个体数的 59.13%,占乔木层杉木总株数的 69.43%。

乔木层的物种丰富度、Shannon-Wiener 指数、均匀度和生态优势度分别为 81%、3.64%、0.57% 和 0.17%。对于未识别树种不再进行区分，物种数记为 1，且不划分生长型。从科属分布来看，除未识别树种外，80 个树种隶属于 28 科 49 属，28 个科中，樟科物种数最多，有 10 种，其次是山茶科和壳斗科各有 8 种，大戟科和冬青科各有 6 种，有 12 个科均只有 1 种。各树种的相对多度、相对频度、相对优势度和重要值见表 5-3（仅列出重要值>1%的树种），层内有 19 个树种的重要值超过 1%，其重要值总和为 81.88%，山苍子是乔木层的优势种，其相对多度（34.15%）、相对优势度（24.62%）和重要值（21.02%）均为层内最高。

区分生长型来看，乔木层内乔木树种和灌木树种分别有 49 种和 31 种，株数密度分别为 12 780 株/hm² 和 11 680 株/hm²，平均高分别为 2.78 m 和 1.72 m，未识别树种的株数密度和平均高分别为 35 株/hm² 和 1.58 m。层内仅有杉木 1 种针叶树，79 个阔叶树种中常绿和落叶树种分别有 52 种和 27 种，常绿阔叶树的相对多度和重要值分别为 25.19%和 36.36%，其中常绿阔叶乔木的丰富度、相对多度和重要值分别为 31%、14.45%和 23.54%，常绿阔叶灌木的丰富度、相对多度和重要值分别为 21%、10.74%和 12.82%；落叶阔叶树的相对多度和重要值分别为 52.97%和 49.16%，其中落叶阔叶乔木的丰富度、相对多度和重要值分别为 17、16.02%和 23.50%，落叶阔叶灌木的丰富度、相对多度和重要值分别为 10、36.95%和 25.66%。

表 5-3　T2 处理下转型的天然阔叶林乔木层树种重要值

Tab. 5-3　Important value of tree species in arbor layer of natural
broad-leaved forest converted under T2 treatment

序号	树种	相对多度 RA(%)	相对频度 RF(%)	相对优势度 RD(%)	重要值 IV(%)
1	山苍子 (Litsea cubeba)	34.15	4.29	24.62	21.02
2	杉木 (Cunninghamia lanceolata)	21.70	3.84	17.46	14.33
3	赛山梅 (Styrax confusus)	5.55	3.84	8.91	6.10
4	拟赤杨 (Alniphyllum fortunei)	2.78	4.51	7.12	4.80
5	木荷 (Schima superba)	2.90	4.29	5.01	4.07
6	细枝柃 (Eurya loquaiana)	4.31	3.61	3.58	3.83
7	丝栗栲 (Castanopsis fargesii)	2.82	4.29	3.70	3.60
8	檫木 (Sassafras tzumu)	2.61	3.84	4.20	3.55
9	细齿叶柃 (Eurya nitida)	2.71	2.93	2.71	2.79
10	大叶山矾 (Symplocos grandis)	1.80	3.39	2.13	2.44
11	荚蒾 (Viburnum dilatatum)	1.76	3.84	1.27	2.29
12	青冈栎 (Cyclobalanopsis glauca)	1.67	2.03	3.02	2.24
13	东南野桐 (Mallotus lianus)	2.25	2.71	1.75	2.24
14	枫香树 (Liquidambar formosana)	0.92	2.93	1.18	1.68
15	米槠 (Castanopsis carlesii)	0.82	2.93	1.08	1.61
16	南酸枣 (Choerospondias axillaris)	0.49	2.71	1.27	1.49

（续）

序号	树种	相对多度RA(%)	相对频度RF(%)	相对优势度RD(%)	重要值IV(%)
17	黄瑞木（*Adinandra millettii*）	0.71	2.93	0.58	1.41
18	润楠（*Machilus pingii*）	0.73	2.03	1.00	1.26
19	黄毛润楠（*Machilus chrysotricha*）	0.49	2.26	0.68	1.14
	其他 62 个树种	8.84	36.79	8.74	18.12
	合计	100	100	100	100

注：表中数据为包含本底乔木层林木的计算值；其他 62 个树种包括茶 *Camellia sinensis*、油桐 *Vernicia fordii*、毛冬青 *Ilex pubescens*、格药柃 *Eurya muricata*、秤星树 *Ilex asprella*、虎皮楠 *Daphniphyllum oldhami*、密花山矾 *Symplocos congesta*、山乌桕 *Sapium discolor*、千年桐 *Vernicia montana*、山胡椒 *Lindera glauca*、红楠 *Machilus thunbergii*、深山含笑 *Michelia maudiae*、山黄皮 *Aidia cochinchinensis*、刨花润楠 *Machilus pauhoi*、油茶 *Camellia oleifera*、笔罗子 *Meliosma rigida*、树参 *Dendropanax dentiger*、漆树 *Toxicodendron vernicifluum*、罗浮栲 *Castanopsis faberi*、薯豆 *Elaeocarpus japonicus*、大青 *Clerodendrum cyrtophyllum*、光叶山矾 *Symplocos lancifolia*、山油麻 *Trema cannabina* var. *dielsiana*、野柿 *Diospyros kaki* var. *silvestris*、楤木 *Aralia elata*、台湾冬青 *Ilex formosana*、榕叶冬青 *Ilex ficoidea*、香叶树 *Lindera communis*、杨梅 *Myrica rubra*、冬青 *Ilex chinensis*、狗骨柴 *Diplospora dubia*、紫珠 *Callicarpa bodinieri*、福建山樱花 *Cerasus campanulata*、柿 *Diospyros kaki*、枳椇 *Hovenia acerba*、大叶冬青 *Ilex latifolia*、梧桐 *Firmiana simplex*、红锥 *Castanopsis hystrix*、红叶树 *Helicia cochinchinensis*、连蕊茶 *Camellia fraterna*、盐肤木 *Rhus chinensis*、甜槠 *Castanopsis eyrei*、福建青冈 *Cyclobalanopsis chungii*,、白背叶野桐 *Mallotus apelta*、格氏栲 *Castanopsis kawakamii*、山血丹 *Ardisia punctata*、木姜子 *Litsea pungens*、五月茶 *Antidesma bunius*、酸藤果 *Embelia laeta*、乳源木莲 *Manglietia yuyuanensis*、刺梨 *Rosa laevigata*、琴叶榕 *Ficus pandurata*、枇杷叶紫珠 *Callicarpa kochiana*、矩叶鼠刺 *Itea oblonga*、山矾 *Symplocos sumuntia*、水团花 *Adina pilulifera*、窄叶台湾榕 *Ficus formosana* var. *angustifolia*、粗叶榕 *Ficus hirta*、黄绒润楠 *Machilus grijsii*、朱砂根 *Ardisia crenata*、沙梨 *Pyrus pyrifolia* 和未识别树种。

5.4.2　灌木层树种组成与多样性特征

灌木层的株数密度为 17 780 株/hm²，平均高 0.63 m，其

中萌生林木的株数密度为 7 755 株/hm², 占灌木层总株数的
43.62%, 平均高为 0.65 m。主要萌生树种有杉木(2 475 株/
hm²)、茶(1 505 株/hm²)、细枝柃(715 株/hm²)和木荷(510
株/hm²)等, 其中杉木的比重最大, 占总萌生个体的 31.91%,
占灌木层杉木总株数的 75.80%。

　　灌木层的物种丰富度、Shannon-Wiener 指数、均匀度和生
态优势度分别为 69、4.31、0.71 和 0.09。与乔木层相比, 灌
木层的物种丰富度和生态优势度更低, 但 Shannon-Wiener 指
数和均匀度更高。各树种的相对多度、相对频度、相对优势度
和重要值见表 5-4(仅列出重要值>1%的树种), 可以看出, 相
对于乔木层来说, 灌木层内各树种的数量分布更加均匀, 层内
没有占据绝对优势地位的树种。在科属分布上, 除未识别树种
外, 68 个树种隶属于 26 科 46 属, 26 个科中樟科的物种数最
多, 有 9 种, 其次是山茶科有 7 种, 大戟科和壳斗科各有 5
种, 有 12 个科均仅有 1 种。

　　区分生长型来看, 灌木层内乔木树种和灌木树种分别有
38 种和 30 种, 二者的株数密度分别为 8 625 株/hm² 和 9 020
株/hm², 平均高分别为 0.65 m 和 0.61 m, 层内未识别树种的
株数密度和平均高分别为 135 株/hm² 和 0.57 m。常绿树种是
灌木层的主体, 层内常绿和落叶树种分别有 43 种和 25 种, 常
绿树种的相对多度(62.37%)、相对频度(58.96%)、相对优势
度(62.63%)和重要值(61.32%)均远高于落叶树种。常绿树种
中, 乔木和灌木分别有 23 种和 20 种, 且乔木树种的相对多度
(34.20%)、相对频度(35.38%)、相对优势度(35.30%)和重
要值(34.96%)均高于灌木树种, 常绿乔木以杉木、木荷和大
叶山矾(*Symplocos grandis*)为主, 而常绿灌木以茶、细枝柃和细

表 5-4　T2 处理下转型的天然阔叶林灌木层树种重要值

Tab. 5-4　Important value of tree species in shrub layer of natural broad-leaved forest converted under T2 treatment

序号	树种	相对多度 RA (%)	相对频度 RF (%)	相对优势度 RD (%)	重要值 IV (%)
1	杉木 (*Cunninghamia lanceolata*)	18.36	4.01	20.28	14.22
2	山苍子 (*Litsea cubeba*)	15.19	4.48	14.18	11.28
3	茶 (*Camellia sinensis*)	10.74	1.18	9.87	7.26
4	东南野桐 (*Mallotus lianus*)	7.40	3.77	7.34	6.17
5	细枝柃 (*Eurya loquaiana*)	6.78	3.77	7.09	5.88
6	荚蒾 (*Viburnum dilatatum*)	4.70	4.25	4.80	4.58
7	木荷 (*Schima superba*)	3.97	3.77	3.67	3.80
8	细齿叶柃 (*Eurya nitida*)	3.66	2.59	3.77	3.34
9	赛山梅 (*Styrax confusus*)	2.45	2.83	2.66	2.65
10	大叶山矾 (*Symplocos grandis*)	2.17	3.30	2.22	2.56
11	檫木 (*Sassafras tzumu*)	1.69	4.01	1.83	2.51
12	丝栗栲 (*Castanopsis fargesii*)	1.80	3.54	1.85	2.39
13	马尾松 (*Pinus massoniana*)	2.00	3.07	1.33	2.13
14	朱砂根 (*Ardisia crenata*)	1.60	3.07	1.43	2.03
15	毛冬青 (*Ilex pubescens*)	1.10	3.54	1.12	1.92
16	润楠 (*Machilus pingii*)	1.35	2.83	1.37	1.85

（续）

序号	树种	相对多度 *RA* (%)	相对频度 *RF* (%)	相对优势度 *RD* (%)	重要值 *IV* (%)
17	枫香树 (*Liquidambar formosana*)	0.93	3.07	1.06	1.68
18	黄瑞木 (*Adinandra millettii*)	1.12	2.59	0.98	1.57
19	山黄皮 (*Aidia cochinchinensis*)	0.70	2.36	0.62	1.23
20	未识别	0.76	2.12	0.69	1.19
21	青冈栎 (*Cyclobalanopsis glauca*)	0.59	1.89	0.68	1.05
22	紫珠 (*Callicarpa bodinieri*)	0.84	1.42	0.88	1.05
23	拟赤杨 (*Alniphyllum fortunei*)	0.56	1.89	0.68	1.04
	其他 46 个树种	9.56	30.66	9.60	16.61
	合计	100	100	100	100

注：其他 46 个树种包括秤星树 *Ilex asprella*、山胡椒 *Lindera glauca*、红楠 *Machilus thunbergii*、格药柃 *Eurya muricata*、米槠 *Castanopsis carlesii*、南酸枣 *Choerospondias axillaris*、黄毛润楠 *Machilus chrysotricha*、枇杷叶紫珠 *Callicarpa kochiana*、密花山矾 *Symplocos congesta*、油茶 *Camellia oleifera*、山血丹 *Ardisia punctata*、山油麻 *Trema cannabina* var. *dielsiana*、香叶树 *Lindera communis*、罗浮栲 *Castanopsis faberi*、山乌桕 *Sapium discolor*、千年桐 *Vernicia montana*、树参 *Dendropanax dentiger*、杜茎山 *Maesa japonica*、杨梅 *Myrica rubra*、笔罗子 *Meliosma rigida*、油桐 *Vernicia fordii*、刨花润楠 *Machilus pauhoi*、狗骨柴 *Diplospora dubia*、漆树 *Toxicodendron vernicifluum*、福建山樱花 *Cerasus campanulata*、楤木 *Aralia elata*、老鼠矢 *Symplocos stellaris*、大叶冬青 *Ilex latifolia*、大青 *Clerodendrum cyrtophyllum*、盐肤木 *Rhus chinensis*、粗叶榕 *Ficus hirta*、山矾 *Symplocos sumuntia*、粗叶木 *Lasianthus chinensis*、网脉酸藤子 *Embelia vestita*、野柿 *Diospyros kaki* var. *silvestris*、木姜子 *Litsea pungens*、深山含笑 *Michelia maudiae*、红锥 *Castanopsis hystrix*、柿 *Diospyros kaki*、赤楠 *Syzygium buxifolium*、白背叶野桐 *Mallotus apelta*、糙叶树 *Aphananthe aspera*、忍冬 *Lonicera japonica*、冬青 *Ilex chinensis*、虎皮楠 *Daphniphyllum oldhami*、玉叶金花 *Mussaenda pubescens*。

齿叶柃为主。落叶树种中，乔木和灌木分别有 15 种和 10 种，其中灌木树种的相对多度（22.55%）、相对优势度（21.79%）和重要值（20.60%）均高于乔木树种，但乔木树种的相对频度（21.46%）更高，落叶乔木中东南野桐的株数占比高达51.67%，落叶灌木则以山苍子和荚蒾为主，其株数占比分别为 67.33%和 20.82%。

5.5　T3 处理转型的 2 年生天然阔叶林特征

5.5.1　乔木层树种组成与多样性特征

乔木层的株数密度为 44 330 株/hm²，平均高 1.98 m，其中保留自本底乔木层的马尾松株数密度为 90 株/hm²，平均胸径24.9 cm，算术平均高 19.1 m。萌生林木的株数密度为 12 015株/hm²，占乔木层总株数的 27.10%，平均高为 1.91 m。主要萌生树种有杉木（4 500 株/hm²）、赛山梅（1 545 株/hm²）、拟赤杨（1 140 株/hm²）和细枝柃（780 株/hm²）等，其中杉木的比重最大，占总萌生个体数的 37.45%，占乔木层杉木总株数的 71.43%。

乔木层的物种丰富度、Shannon-Wiener 指数、均匀度和生态优势度分别为 87%、3.54%、0.55%和 0.20%。对于未识别树种不再进行区分，物种数记为 1，且不划分生长型。从科属分布来看，除未识别树种外，86 个树种隶属于 32 科 54 属，32个科中，樟科物种数最多，有 13 种，其次是山茶科有 9 种，大戟科和壳斗科各有 6 种，有 18 个科均只有 1 种。各树种的相对多度、相对频度、相对优势度和重要值见表 5-5（仅列出重

表 5-5　T3 处理下转型的天然阔叶林乔木层树种重要值

Tab. 5-5　Important value of tree species in arbor layer of natural broad-leaved forest converted under T3 treatment

序号	树种	相对多度 $RA(\%)$	相对频度 $RF(\%)$	相对优势度 $RD(\%)$	重要值 $IV(\%)$
1	山苍子 (*Litsea cubeba*)	40. 41	3. 51	34. 57	26. 17
2	杉木 (*Cunninghamia lanceolata*)	14. 21	2. 64	13. 67	10. 17
3	赛山梅 (*Styrax confusus*)	5. 94	3. 51	8. 30	5. 92
4	东南野桐 (*Mallotus lianus*)	5. 81	3. 34	5. 24	4. 79
5	拟赤杨 (*Alniphyllum fortunei*)	3. 56	3. 51	5. 44	4. 17
6	檫木 (*Sassafras tzumu*)	3. 89	3. 51	4. 60	4. 00
7	细枝柃 (*Eurya loquaiana*)	3. 94	3. 34	3. 84	3. 71
8	荚蒾 (*Viburnum dilatatum*)	2. 73	3. 16	2. 43	2. 78
9	丝栗栲 (*Castanopsis fargesii*)	2. 32	3. 16	2. 70	2. 73
10	木荷 (*Schima superba*)	1. 69	3. 34	1. 86	2. 30
11	枫香树 (*Liquidambar formosana*)	1. 29	2. 99	1. 30	1. 86
12	马尾松 (*Pinus massoniana*)	0. 21	3. 16	1. 97	1. 78
13	细齿叶柃 (*Eurya nitida*)	1. 48	1. 76	1. 37	1. 53
14	大叶山矾 (*Symplocos grandis*)	0. 98	2. 64	0. 93	1. 52
15	山油麻 (*Trema cannabina* var. *dielsiana*)	0. 83	2. 81	0. 67	1. 44
16	千年桐 (*Vernicia montana*)	0. 79	2. 46	1. 00	1. 42
17	南酸枣 (*Choerospondias axillaris*)	0. 64	2. 46	0. 60	1. 24

（续）

序号	树种	相对多度 RA(%)	相对频度 RF(%)	相对优势度 RD(%)	重要值 IV(%)
18	未识别	0.53	2.64	0.43	1.20
19	山乌桕 (*Sapium discolor*)	0.44	2.64	0.45	1.18
20	米槠 (*Castanopsis carlesii*)	0.41	2.28	0.55	1.08
21	黄瑞木 (*Adinandra millettii*)	0.37	2.46	0.40	1.08
22	毛冬青 (*Ilex pubescens*)	0.38	2.46	0.26	1.03
23	青冈栎 (*Cyclobalanopsis glauca*)	0.76	1.41	0.91	1.02
	其他 64 个树种	6.37	34.80	6.50	15.89
	合计	100	100	100	100

注：表中数据为包含原乔木层林木的计算值；其他 64 个树种包括红楠 *Machilus thunbergii*、润楠 *Machilus pingii*、黄毛润楠 *Machilus chrysotricha*、油桐 *Vernicia fordii*、秤星树 *Ilex asprella*、枇杷叶紫珠 *Callicarpa kochiana*、山胡椒 *Lindera glauca*、密花山矾 *Symplocos congesta*、大青 *Clerodendrum cyrtophyllum*、虎皮楠 *Daphniphyllum oldhami*、粗叶木 *Lasianthus chinensis*、刨花润楠 *Machilus pauhoi*、山黄皮 *Aidia cochinchinensis*、茶 *Camellia sinensis*、紫珠 *Callicarpa bodinieri*、格药柃 *Eurya muricata*、福建山樱花 *Cerasus campanulata*、杜茎山 *Maesa japonica*、深山含笑 *Michelia maudiae*、楤木 *Aralia elata*、笔罗子 *Meliosma rigida*、盐肤木 *Rhus chinensis*、树参、*Dendropanax dentiger* 山矾 *Symplocos sumuntia*、木姜子 *Litsea pungens*、漆树 *Toxicodendron vernicifluum*、腺叶野樱 *Laurocerasus phaeosticta*、大叶樟 *Cinnamomum parthenoxylon*、薯豆 *Elaeocarpus japonicus*、狗骨柴 *Diplospora dubia*、五月茶 *Antidesma bunius*、山茶 *Camellia japonica*、水团花 *Adina pilulifera*、杜虹花 *Callicarpa formosana*、狭叶石笔木 *Tutcheria microcarpa*、甜槠 *Castanopsis eyrei*、延平柿 *Diospyros tsangii*、罗浮栲 *Castanopsis faberi*、广东冬青 *Ilex kwangtungensis*、凤凰润楠 *Machilus phoenicis*、山血丹 *Ardisia punctata*、黄背越橘 *Vaccinium iteophyllum*、野柿 *Diospyros kaki* var. *silvestris*、倒披针叶山矾 *Symplocos oblanceolata*、福建青冈 *Cyclobalanopsis chungii*、四照花 *Dendrobenthamia elegans*、牛矢果 *Osmanthus matsumuranus*、沉水樟 *Cinnamomum micranthum*、杨梅 *Myrica rubra*、油茶 *Camellia oleifera*、香叶树 *Lindera communis*、红皮树 *Styrax suberifolius*、蓝果树 *Nyssa sinensis*、枳椇 *Hovenia acerba*、少叶黄杞 *Engelhardtia fenzlii*、光叶山矾 *Symplocos lancifolia*、朱砂根 *Ardisia crenata*、冬青 *Ilex chinensis*、粗叶榕 *Ficus hirta*、台湾冬青 *Ilex formosana*、破布叶 *Microcos paniculata*、香樟 *Cinnamomum camphora*、白背叶野桐 *Mallotus apelta*、白花龙 *Styrax faberi*。

要值>1%的树种），层内有 23 个树种的重要值超过 1%，其重要值总和为 84.11%，山苍子是乔木层的优势种，其相对多度（40.41%）、相对频度（3.51%）、相对优势度（34.57%）和重要值（26.17%）均为层内最高。

区分生长型来看，乔木层内乔木树种和灌木树种分别有 50 种和 36 种，株数密度分别为 20 525 株/hm² 和 23 570 株/hm²，平均高分别为 2.29 m 和 1.71 m，未识别树种的株数密度和平均高分别为 235 株/hm² 和 1.61 m。层内针叶树种有杉木和马尾松 2 种，二者占乔木层总株数的 14.43%，占乔木树种总株数的 31.16%，重要值总和为 11.96%，但马尾松的株数密度仅有 95 株/hm²，尽管保留自本底乔木层的马尾松平均高达 19.1 m，但对其重要值的提升很小。84 个阔叶树种中常绿和落叶树种分别有 55 种和 29 种，常绿阔叶树的相对多度和重要值分别为 16.68%和 26.71%，其中常绿阔叶乔木的丰富度、相对多度和重要值分别为 33、8.93%和 15.71%，常绿阔叶灌木的丰富度、相对多度和重要值分别为 22、7.75%和 11.00%；落叶阔叶树的相对多度和重要值分别为 68.36%和 60.13%，其中落叶阔叶乔木的丰富度、相对多度和重要值分别为 15、22.94%和 26.29%，落叶阔叶灌木的丰富度、相对多度和重要值分别为 14、45.42%和 33.84%。

5.5.2　灌木层树种组成与多样性特征

灌木层的株数密度为 20 985 株/hm²，平均高 0.65 m，其中萌生林木的株数密度为 9 505 株/hm²，占灌木层总株数的 45.29%，平均高为 0.67 m。主要萌生树种有杉木（3 730 株/hm²）、木荷（1 055 株/hm²）、细枝柃（890 株/hm²）和菝葜（550 株/hm²）等，其中杉木的比重最大，占总萌生个体的 39.24%，占灌木层杉木总株数的 89.23%。

　　灌木层的物种丰富度、Shannon-Wiener 指数、均匀度和生态优势度分别为 79、4.38、0.69 和 0.09。与乔木层相比，灌木层的物种丰富度和生态优势度更低，但 Shannon-Wiener 指数和均匀度更高。各树种的相对多度、相对频度、相对优势度和重要值见表 5-6(仅列出重要值>1% 的树种)，可以看出，相对于乔木层来说，灌木层内各树种的数量分布更加均匀，层内没有占据绝对优势地位的树种。在科属分布上，除未识别树种外，78 个树种隶属于 26 科 49 属，26 个科中樟科的物种数最多，有 12 种，其次是山茶科有 9 种，大戟科有 6 种，有 11 个科均仅有 1 种。

　　区分生长型来看，灌木层内乔木树种和灌木树种分别有 44 种和 34 种，二者的株数密度分别为 11 335 株/hm² 和 9 335 株/hm²，平均高分别为 0.67 m 和 0.64 m，层内未识别树种的株数密度和平均高分别为 315 株/hm² 和 0.62 m。常绿树种是灌木层的主体，层内常绿和落叶树种分别有 51 种和 27 种，常绿树种的相对多度(56.73%)、相对频度(54.77%)、相对优势度(56.22%)和重要值(55.91%)均高于落叶树种。常绿树种中，乔木和灌木分别有 30 种和 21 种，且乔木树种的相对多度(37.84%)、相对频度(32.16%)、相对优势度(38.15%)和重要值(36.05%)均远高于灌木树种，常绿乔木以杉木、木荷和丝栗栲为主，而常绿灌木以细枝柃、朱砂根、茶和细齿叶柃为主。落叶树种中，乔木和灌木分别有 14 种和 13 种，其中灌木树种的相对多度(25.59%)、相对频度(21.37%)、相对优势度(25.43%)和重要值(24.13%)均高于乔木树种，落叶乔木中东南野桐的株数占比高达 63.62%，落叶灌木则以山苍子和荚蒾为主，其株数占比分别为 62.38% 和 19.55%。

表 5-6　T3 处理下转型的天然阔叶林灌木层树种重要值

Tab. 5-6　Important value of tree species in shrub layer of natural broad-leaved forest converted under T3 treatment

序号	树种	相对多度 RA(%)	相对频度 RF(%)	相对优势度 RD(%)	重要值 IV(%)
1	杉木 (*Cunninghamia lanceolata*)	19.92	3.11	21.48	14.84
2	山苍子 (*Litsea cubeba*)	15.96	4.15	15.86	11.99
3	东南野桐 (*Mallotus lianus*)	10.29	4.15	10.55	8.33
4	细枝柃 (*Eurya loquaiana*)	6.05	3.94	6.25	5.41
5	木荷 (*Schima superba*)	5.86	3.73	5.36	4.99
6	荚蒾 (*Viburnum dilatatum*)	5.00	3.73	5.11	4.62
7	丝栗栲 (*Castanopsis fargesii*)	2.34	3.11	2.42	2.62
8	朱砂根 (*Ardisia crenata*)	2.98	2.49	2.16	2.54
9	赛山梅 (*Styrax confusus*)	1.69	2.90	1.87	2.15
10	马尾松 (*Pinus massoniana*)	1.86	3.11	1.34	2.11
11	毛冬青 (*Ilex pubescens*)	1.67	2.90	1.53	2.03
12	未识别	1.50	3.11	1.44	2.02
13	檫木 (*Sassafras tzumu*)	1.14	3.53	1.28	1.98
14	细齿叶柃 (*Eurya nitida*)	1.95	1.66	2.16	1.93
15	大叶山矾 (*Symplocos grandis*)	1.36	2.90	1.40	1.89
16	茶 (*Camellia sinensis*)	2.00	1.66	1.93	1.86
17	青冈栎 (*Cyclobalanopsis glauca*)	1.69	1.87	1.62	1.73
18	润楠 (*Machilus pingii*)	1.19	2.49	1.07	1.58

（续）

序号	树种	相对多度 RA(%)	相对频度 RF(%)	相对优势度 RD(%)	重要值 IV(%)
19	山油麻 (*Trema cannabina* var. *dielsiana*)	0.81	2.90	0.88	1.53
20	枫香树 (*Liquidambar formosana*)	1.14	2.07	1.26	1.49
21	黄瑞木 (*Adinandra millettii*)	0.95	2.70	0.82	1.49
22	山胡椒 (*Lindera glauca*)	0.83	2.07	0.77	1.22
23	杜茎山 (*Maesa japonica*)	1.10	1.24	1.10	1.15
24	拟赤杨 (*Alniphyllum fortunei*)	0.48	2.28	0.53	1.10
25	盐肤木 (*Rhus chinensis*)	0.71	1.87	0.66	1.08
26	山黄皮 (*Aidia cochinchinensis*)	0.69	1.66	0.64	1.00
	其他 53 个树种	8.82	28.63	8.54	15.33
	合计	100	100	100	100

注：其他 53 个树种包括黄毛润楠 *Machilus chrysotricha*、南酸枣 *Choerospondias axillaris*、秤星树 *Ilex asprella*、枇杷叶紫珠 *Callicarpa kochiana*、山乌桕 *Sapium discolor*、白背叶野桐 *Mallotus apelta*、紫珠 *Callicarpa bodinieri*、漆树 *Toxicodendron vernicifluum*、大青 *Clerodendrum cyrtophyllum*、米槠 *Castanopsis carlesii*、红楠 *Machilus thunbergii*、山血丹 *Ardisia punctata*、密花山矾 *Symplocos congesta*、楤木 *Aralia elata*、油茶 *Camellia oleifera*、刨花润楠 *Machilus pauhoi*、山矾 *Symplocos sumuntia*、狗骨柴 *Diplospora dubia*、粗叶木 *Lasianthus chinensis*、格药柃 *Eurya muricata*、树参 *Dendropanax dentiger*、笔罗子 *Meliosma rigida*、深山含笑 *Michelia maudiae*、千年桐 *Vernicia montana*、台湾冬青 *Ilex formosana*、广东冬青 *Ilex kwangtungensis*、山茶 *Camellia japonica*、白花龙 *Styrax faberi*、黄绒润楠 *Machilus grijsii*、杜虹花 *Callicarpa formosana*、水团花 *Adina pilulifera*、狭叶石笔木 *Tutcheria microcarpa*、沉水樟 *Cinnamomum micranthum*、虎皮楠 *Daphniphyllum oldhami*、杨梅 *Myrica rubra*、大叶樟 *Cinnamomum parthenoxylon*、山龙眼 *Helicia formosana*、柿 *Diospyros kaki*、五月茶 *Antidesma bunius*、黄背越橘 *Vaccinium iteophyllum*、腺叶野樱 *Laurocerasus phaeosticta*、油桐 *Vernicia fordii*、粗叶榕 *Ficus hirta*、木姜子 *Litsea pungens*、罗浮栲 *Castanopsis faberi*、福建山樱花 *Cerasus campanulata*、福建山矾 *Symplocos fukienensis*、天仙果 *Ficus erecta* var. *beecheyana*、香叶树 *Lindera communis*、光叶山矾 *Symplocos lancifolia*、野柿 *Diospyros kaki* var. *silvestris*、甜槠 *Castanopsis eyrei*、黄栀子 *Gardenia jasminoides*。

5.6　由邓恩桉人工林转型的 7 年生丝栗栲天然林特征

5.6.1　7 年生丝栗栲天然林林分外貌和主要调查因子

邓恩桉人工林已经成功转型为林冠层充分郁闭的由多种天然更新乡土阔叶树种组成的丝栗栲天然林，其林冠上层还明显较均匀分布有尚未倒下的邓恩桉枯死木。林分内原有邓恩桉已经全部死亡，以枯立木或枯倒木的形式存在，现存邓恩桉枯立木密度为 550 株/hm²，较初植密度降低 50.0%，平均胸径 9.5 cm，枯立木高度集中在 10.0 m 左右，最高 13.2 m，明显高于现有丝栗栲天然林林冠层。

7 年生丝栗栲天然林林分密度大，株数密度为 6 350 株/hm²，单位面积蓄积量为 47.70 m³/hm²。林分胸径最大值、最小值和平均值分别为 16.9 cm、1.0 cm 和 5.1 cm，变异系数达 57.55%；相对胸径而言，林分树高跨度相对较小，树高 3.5~12 m，平均高 6.8 m，变异系数也较小，仅有 28.50%。林木高径比大，高径比为 43~393，平均高径比为 146。

对于胸径和树高，分别以 1 cm 和 1 m 为间距，采用上限排外法对乔木层林木进行径阶整化和树高分组，林分直径和树高分布如图 5-1 所示。从图中可以看出，林分直径分布表现为左偏、尖峰态的山状曲线，林分内林木的胸径跨度较大且基本连续，17 个径阶中除 14 cm 和 16 cm 径阶缺失外，其余径阶均有分布，林分内大多数林木的胸径为 2~6 cm 径阶，从 3 cm 径阶起，随着径阶的增大，各径阶的株数也随之减少；林分树高

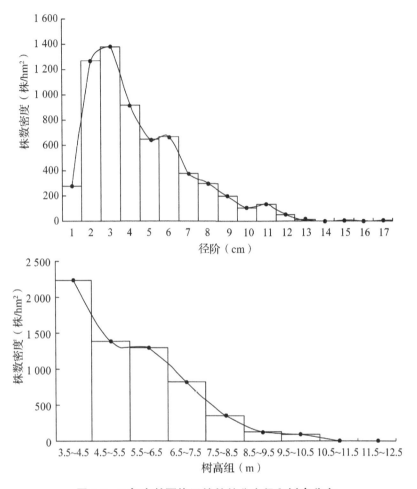

图 5-1　7 年生丝栗栲天然林林分直径和树高分布

Fig. 5-1　Diameter and height distribution of the 7-year-old

Castanopsis fargesii natural forest

分布表现为反"J"形，各树高组的株数随树高的增加而减少，9
个树高组均有林木分布，大多数林木的树高为 3.5~6.5 m，说
明林分在垂直方向上是连续分布的，垂直空间得到充分利用，
在 3.5~6.5 m 的垂直空间上林木对光的竞争强度相对其他高
度级更大。综合林分年龄、直径和树高分布可知，尽管林分年

龄尚小且处在次生演替的初级阶段，但林分内部已经出现林木大小分异，林分表现出异龄林特征。

由于邓恩桉人工林前茬林分为以丝栗栲为优势树种的人促阔叶林，许多阔叶树种的萌芽更新能力较强，因此，转型的天然阔叶林中有一定比例的萌芽个体。统计结果表明，林分内绝大多数林木为实生个体，萌生个体的株数密度为 967 株/hm^2；株数、胸高断面积和单位面积蓄积量占比分别为 15.22%、18.19% 和 19.24%；平均每个伐桩的萌芽个体数为 2；萌芽个体主要为丝栗栲、南酸枣（*Choerospondias axillaris*）和润楠等树种。

5.6.2　7 年生丝栗栲天然林乔木层树种组成与多样性

乔木层株数密度为 6 350 株/hm^2，共有树种 51 种，包括 38 种乔木树种和 13 种灌木树种，其中乔木树种的株数和胸高断面积分别占总株数和总胸高断面积的 89.06% 和 95.45%，重要值达 87.32%，乔木树种是乔木层的主体。乔木层的 Shannon-Wiener 指数、均匀度和生态优势度分别为 4.20、0.74 和 0.11，各树种的相对频度、相对多度、相对优势度和重要值见表 5-7（仅列出了重要值>1% 的树种）。乔木层内有 22 个树种的重要值超过 1%，它们的重要值总和为 85.46%，按重要值降序排序前 5 位的分别为丝栗栲、南酸枣、拟赤杨、赛山梅和薯豆（*Elaeocarpus japonicus*）。丝栗栲为优势种，重要值为 24.41%，远高于排名第二的南酸枣（重要值为 6.77%）；丝栗栲的相对多度（28.22%）、相对频度（6.15%）、相对优势度（38.87%）在所有组成树种中均最大。乔木层中有不少珍贵的或高价值用材树种（黄清麟等，2012），如红楠（*Machilus thunbergii*）、

表 5-7　7 年生丝栗栲天然林乔木层各树种重要值

Tab. 5-7　The important value of tree species in arbor layer of the

7-year-old *Castanopsis fargesii* natural forest

序号	树种	相对多度 RA(%)	相对频度 RF(%)	相对优势度 RD(%)	重要值 IV(%)
1	丝栗栲 (*Castanopsis fargesii*)	28.22	6.15	38.87	24.41
2	南酸枣 (*Choerospondias axillaris*)	4.33	4.62	11.36	6.77
3	拟赤杨 (*Alniphyllum fortunei*)	7.22	5.13	4.71	5.69
4	赛山梅 (*Styrax confusus*)	5.91	6.15	4.29	5.45
5	薯豆 (*Elaeocarpus japonicus*)	4.20	4.10	5.58	4.63
6	青冈栎 (*Cyclobalanopsis glauca*)	4.99	4.62	1.46	3.69
7	东南野桐 (*Mallotus lianus*)	1.97	4.10	4.73	3.60
8	罗浮栲 (*Castanopsis faberi*)	3.02	3.59	4.05	3.55
9	润楠 (*Machilus pingii*)	3.67	3.08	2.80	3.18
10	细枝柃 (*Eurya loquaiana*)	3.67	5.13	0.67	3.16
11	米槠 (*Castanopsis carlesii*)	3.94	3.59	1.94	3.16
12	盐肤木 (*Rhus chinensis*)	3.02	3.59	1.43	2.68
13	山苍子 (*Litsea cubeba*)	1.97	4.10	1.70	2.59
14	檫木 (*Sassafras tzumu*)	1.18	2.56	3.44	2.39
15	漆树 (*Toxicodendron vernicifluum*)	2.62	2.56	0.76	1.98
16	杉木 (*Cunninghamia lanceolata*)	0.92	2.05	1.72	1.56

（续）

序号	树种	相对多度 RA(%)	相对频度 RF(%)	相对优势度 RD(%)	重要值 IV(%)
17	山乌桕 (*Triadica cochinchinensis*)	0.66	2.05	1.21	1.31
18	枫香树 (*Liquidambar formosana*)	0.79	2.56	0.50	1.28
19	大叶山矾 (*Symplocos grandis*)	0.66	2.56	0.23	1.15
20	刨花润楠 (*Machilus pauhoi*)	1.05	1.54	0.67	1.09
21	细齿叶柃 (*Eurya nitida*)	1.44	1.54	0.24	1.08
22	荚蒾 (*Viburnum dilatatum*)	1.05	2.05	0.11	1.07
	其他 29 个树种	13.52	22.56	7.55	14.54
	合计	100	100	100	100

注：其他 29 个树种包括茶 *Camellia sinensis*、木荷 *Schima superba*、薄叶山矾 *Symplocos anomala*、油桐 *Vernicia fordii*、虎皮楠 *Daphniphyllum oldhamii*、五裂槭 *Acer oliverianum*、黄瑞木 *Adinandra millettii*、密花山矾 *Symplocos congesta*、山矾 *Symplocos sumuntia*、红楠 *Machilus thunbergii*、铁冬青 *Ilex rotunda*、蓝果树 *Nyssa sinensis*、福建山樱花 *Cerasus campanulata*、黄绒润楠 *Machilus grijsii*、石梓 *Gmelina chinensis*、千年桐 *Vernicia montana*、拉氏栲 *Castanopsis lamontii*、山樱花 *Cerasus serrulata*、野桐 *Mallotus tenuifolius*、亮叶桦 *Betula luminifera*、广东冬青 *Ilex kwangtungensis*、红锥 *Castanopsis hystrix*、建润楠 *Machilus oreophila*、杨梅 *Myrica rubra*、毛冬青 *Ilex pubescens*、小叶青冈 *Cyclobalanopsis myrsinifolia*、三花冬青 *Ilex triflora*、油茶 *Camellia oleifera* 和 1 种未识别落叶树种。

木荷、青冈栎、米槠、红锥（*Castanopsis hystrix*）、刨花润楠、蓝果树和檫木等。

从科属分布来看，51 个树种隶属于 21 科 31 属，其中壳斗科和樟科种类最多，两个科均各有 7 个树种，其次是大戟科（Euphorbiaceae）有 5 种，冬青科和山矾科各有 4 种，有 11 个科均只有 1 种树种，尽管壳斗科和樟科的树种数相同，但二者的株数、胸高断面积和重要值占比相差较大，壳斗科林木的株数、胸高断面积和重要值分别占全林的 40.55%、46.64% 和 35.56%，而樟科林木的株数、胸高断面积和重要值占比仅为 8.66%、9.23% 和 10.24%。

从生长型来看，乔木层以常绿树种为主，51 个树种中常绿树种和落叶树种分别有 30 和 21 种，常绿树种的株数、胸高断面积和重要值占比分别为 60.76%、61.23% 和 57.93%；乔木层区分乔木树种和灌木树种，38 个乔木树种中，仅有杉木 1 种针叶树，其余 37 个树种均为阔叶树，其中，常绿阔叶树种较落叶阔叶树种丰富，二者的树种数分别为 19 和 18，株数占比分别为 53.94% 和 32.20%，胸高断面积比重分别为 58.19% 和 35.54%，重要值分别为 50.02% 和 35.73%；13 个灌木树种中，常绿灌木和落叶灌木的树种数分别为 10 和 3，株数占比分别为 5.91% 和 6.04%，断面积比重分别为 1.32% 和 3.23%，重要值均为 6.34%。

5.6.3　7 年生丝栗栲天然林灌木层树种组成与多样性

灌木层林木的株数密度为 5 033 株/hm²，平均高 1.7 m，相对乔木层而言，灌木层的物种数较少，共有树种 21 种，包括 15 种乔木树种和 6 种灌木树种。灌木层的 Shannon-Wiener 指数、均匀度和生态优势度分别为 3.68、0.84 和 0.10，与乔木层相比，灌木层的物种多样性更低但种内个体分布较乔木层更为均匀。各树种的相对频度、相对多度、相对优势度和重要值见表 5-8(仅列出重要值>3% 的树种)。灌木层有 12 个树种的重要值大于 3%，重要值排前 5 位的分别为细枝栲、荚蒾、米槠、丝栗栲和黄瑞木，其中细枝栲的相对多度、相对频度、相对优势度和重要值均为层内最高。灌木层内的珍贵或高价值用材树种有拟赤杨、青冈栎、刨花润楠、南酸枣和枫香树等。

表 5-8　7 年生丝栗栲天然林灌木层各树种重要值

Tab. 5-8　The important value of tree species in shrub layer of the

7-year-old *Castanopsis fargesii* natural forest

序号	树种	相对多度 RA(%)	相对频度 RF(%)	相对优势度 RD(%)	重要值 IV(%)
1	细枝柃 (*Eurya loquaiana*)	21.85	7.32	21.98	17.05
2	荚蒾 (*Viburnum dilatatum*)	10.60	7.32	9.54	9.15
3	米槠 (*Castanopsis carlesii*)	9.27	4.88	11.32	8.49
4	丝栗栲 (*Castanopsis fargesii*)	7.95	7.32	9.89	8.38
5	黄瑞木 (*Adinandra millettii*)	7.28	7.32	5.53	6.71
6	茶 (*Camellia sinensis*)	7.28	4.88	6.38	6.18
7	赛山梅 (*Styrax confusus*)	2.65	7.32	3.92	4.63
8	毛冬青 (*Ilex pubescens*)	3.31	4.88	3.64	3.94
9	杉木 (*Cunninghamia lanceolata*)	2.65	4.88	3.60	3.71
10	拟赤杨 (*Alniphyllum fortunei*)	3.31	4.88	2.79	3.66
11	润楠 (*Machilus pingii*)	2.65	4.88	3.43	3.65
12	油茶 (*Camellia oleifera*)	1.99	4.88	2.30	3.06
	其他 9 个树种	21.19	34.15	17.99	24.44
	合计	100	100	100	100

注：其他 9 个树种包括青冈栎 *Cyclobalanopsis glauca*、大叶山矾 *Symplocos grandis*、杨梅 *Myrica rubra*、刨花润楠 *Machilus pauhoi*、椤木石楠 *Photinia bodinieri*、南酸枣 *Choerospondias axillaris*、黄毛润楠 *Machilus chrysotricha*、枫香 *Liquidambar formosana* 和未识别落叶乔木。

　　灌木层内 21 个树种隶属于 14 科 17 属，与乔木层类似，灌木层同样以壳斗科和樟科的物种数最多，两个科均各有 3 个树种，安息香科（Styracaceae）、山茶科和五列木科（Pentaphylacaceae）均各有 2 个树种，其余 9 科均只有 1 个树种。从树种相似性来看，乔木层和灌木层中均出现的树种有 19 种，灌木层中仅有黄毛润楠（*Machilus chrysotricha*）和椤木石楠（*Photinia bodinieri*）两个树种未在乔木层中出现。

　　从生长型来看，灌木层以常绿树种为主，常绿树种和落叶树种的物种数分别为 15 和 6，除物种数外，常绿树种的相对多度（70.20%）、相对频度（68.29%）、相对优势度（74.42%）和重要值（70.97%）均远高于落叶树种。灌木层 15 个乔木树种中仅有杉木 1 种针叶树，其余 14 个树种均为阔叶树，且 14 种阔叶树种中常绿阔叶树和落叶阔叶树分别有 9 和 5 种，重要值分别为 30.32% 和 19.88%；6 个灌木树种中，常绿和阔叶树种分别有 5 和 1 种，重要值分别为 36.94% 和 9.15%。灌木层内乔木树种的株数较灌木树种更少，二者的株数占比分别为 47.68% 和 52.32%，但是乔木树种的重要值大于灌木树种，二者的重要值分别为 53.91% 和 46.09%，这是由于乔木树种的相对频度（63.41%）远大于灌木树种的相对频度（36.59%），因此，在二者相对优势度相当的情况下，尽管乔木树种的相对多度更少，但其相对频度对重要值的贡献率更大，使得其重要值更高。

5.6.4　7 年生丝栗栲天然林草本层物种组成

　　林分内草本植物种类相对不丰富。草本以蕨类植物芒萁、狗脊蕨为主；藤本植物有藤黄檀（*Dalbergia hancei*）、菝葜

（*Smilax china*）、木通（*Akebia quinata*）、猕猴桃（*Actinidia chinensis*）和蛇葡萄（*Ampelopsis glandulosa*）。除草本和藤本植物外，还有少量丝栗栲、罗浮栲（*Castanopsis faberi*）、木荷、朱砂根（*Ardisia crenata*）、玉叶金花（*Mussaenda pubescens*）、山莓（*Rubus corchorifolius*）、地菍（*Melastoma dodecandrum*）等幼苗。

5.7　由巨桉人工林转型的 13 年生青冈栎天然林特征

5.7.1　13 年生青冈栎天然林林分结构与生长状况

巨桉人工林已成功转型为具有高郁闭度、高株数密度、高林木高径比、物种多样性丰富的 13 年生青冈栎天然林。林分内原有巨桉（包括 2011 年冻害后重新长出的萌条）均以枯立木（株数密度为 966 株/hm²、平均胸径 10.3 cm）或枯倒木的形式存在，从水平和垂直层次来看，林内桉树枯立木分布较为均匀且大多处于林冠上层。

13 年生青冈栎天然林株数密度为 6 308 株/hm²，单位面积蓄积量为 94.43m³/hm²。林分胸径范围为 1.0~25.8 cm，平均值 6.2 cm，变异系数高达 68.63%，胸径最大的 3 株分别为南酸枣 25.8 cm、檫木 23.9 cm 和南酸枣 23.7 cm；相对胸径而言，林分树高跨度相对较小，树高范围为 3.5~18.0 m，平均高为 9.5 m，变异系数仅有 36.11%。林分具有较大的高径比，林木高径比范围为 41~380，平均高径比达 155。

对于胸径和树高，分别以 2 cm 和 1 m 为间距进行径阶整化和树高分组，林分直径分布和树高分布如图 5-2 所示。从图

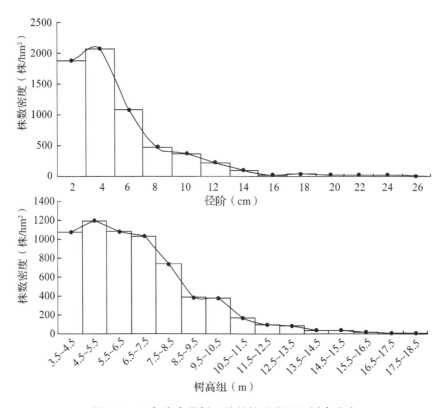

图 5-2　13 年生青冈栎天然林林分直径和树高分布

Fig. 5-2　Diameter and height distribution of the 13-year-old

***Cyclobalanopsis glauca* natural forest**

可知，林分直径分布和树高分布曲线极为相似，均倾向于反"J"形且都为连续分布；林分内林木的胸径大多在 2~8 cm 径阶，4 cm 径阶林木株数最多，此后各径阶株数随径阶的增大而减少；林分内超过 80% 的林木树高集中在 3.5~8.5 m，其中 3.5~4.5 m、4.5~5.5 m、5.5~6.5 m 和 6.5~7.5 m 4 个树高组的林木株数相差不大。

由于巨桉人工林前茬林分为以青冈栎为优势树种的人促阔叶林，青冈栎和许多阔叶树种如丝栗栲、细枝柃等均具有较强的萌芽更新能力，因此转型成的天然阔叶林中萌芽个体占有一定比重。对林分内萌生个体进行统计，结果表明，萌生个体的株数密度为 2 333 株/hm²，算术平均高为 6.7 m；株数、胸高断面积和蓄积量分别占全林的 36.99%、35.75% 和 33.06%；林分内每个伐桩平均萌芽 3 株，主要萌生树种有青冈栎、米槠和杉木等，其中萌生青冈栎的比重最大，占总萌生个体数的 57.86%，占林分内青冈栎总株数的 66.12%。

5.7.2　13 年生青冈栎天然林乔木层树种组成与多样性

乔木层共计 45 个树种（乔木树种 34 种、灌木树种 11 种），隶属于 24 科 33 属。乔木树种是乔木层的主体，其株数和胸高断面积占比分别高达 88.90% 和 97.55%，重要值达 88.65%。乔木层的 Shannon-Wiener 指数为 3.74、均匀度为 0.68、生态优势度为 0.14，各树种的重要值、相对多度等指标见表 5-9（仅列出重要值>1%的树种）。层内有 18 个树种的重要值超过 1%，其重要值总和为 85.46%，青冈栎是乔木层的优势种，其相对多度（32.36%）、相对频度（7.69%）、相对优势度（16.75%）和重要值（18.94%）均为层内最高。层内有不少珍贵或高价值用材树种（黄清麟等，2012），如木荷、沉水樟、米槠、檫木和福建青冈（*Cyclobalanopsis chungii*）等。

24 个科中，树种数最多的为壳斗科和樟科，均各有 6 种，其次是山矾科有 4 种，大戟科、五列木科和山茶科各有 3 种，冬青科和安息香科各有 2 种，其余 16 个科均只有 1 种。

乔木层以常绿阔叶乔木为主。层内针叶树有杉木和马尾松 2 种，二者占总株数的 5.68%、总胸高断面积的 8.61%、重要值总和为 7.54%。43 个阔叶树种中以常绿阔叶树为主，常绿

表 5-9　13 年生青冈栎天然林乔木层各树种重要值

Tab. 5-9　The important value of tree species in arbor layer of the 13-year-old
***Cyclobalanopsis glauca* natural forest**

序号	树种	相对多度 RA(%)	相对频度 RF(%)	相对优势度 RD(%)	重要值 IV(%)
1	青冈栎 (*Cyclobalanopsis glauca*)	32.36	7.69	16.75	18.94
2	拟赤杨 (*Alniphyllum fortunei*)	12.81	7.05	10.42	10.10
3	米槠 (*Castanopsis carlesii*)	7.79	5.13	14.13	9.02
4	丝栗栲 (*Castanopsis fargesii*)	5.02	6.41	13.19	8.21
5	杉木 (*Cunninghamia lanceolata*)	4.49	5.13	6.98	5.53
6	南酸枣 (*Choerospondias axillaris*)	2.77	3.85	8.80	5.14
7	赛山梅 (*Styrax confusus*)	7.40	4.49	2.77	4.88
8	润楠 (*Machilus pingii*)	3.96	5.77	2.49	4.07
9	细枝柃 (*Eurya loquaiana*)	3.83	6.41	0.90	3.71
10	荚蒾 (*Viburnum dilatatum*)	3.83	3.85	0.63	2.77
11	木荷 (*Schima superba*)	1.45	1.92	4.20	2.53
12	檫木 (*Sassafras tzumu*)	0.53	2.56	4.08	2.39
13	马尾松 (*Pinus massoniana*)	1.19	3.21	1.63	2.01
14	甜槠 (*Castanopsis eyrei*)	0.79	1.92	1.51	1.41
15	枫香树 (*Liquidambar formosana*)	0.92	2.56	0.66	1.38
16	黄瑞木 (*Adinandra millettii*)	0.79	2.56	0.25	1.20

（续）

序号	树种	相对多度 RA(%)	相对频度 RF(%)	相对优势度 RD(%)	重要值 IV(%)
17	罗浮栲 (*Castanopsis faberi*)	0.79	0.64	1.86	1.10
18	巨桉 (*Eucalyptus grandis*)	1.06	1.92	0.24	1.07
	其他 27 个树种	8.19	26.93	8.50	14.54
	合计	100	100	100	100

注：其他 27 个树种包括千年桐 *Vernicia montana*、建润楠 *Machilus oreophila*、山乌桕 *Triadica cochinchinensis*、杨梅 *Myrica rubra*、山矾 *Symplocos sumuntia*、亮叶桦 *Betula luminifera*、虎皮楠 *Daphniphyllum oldhamii*、笔罗子 *Meliosma rigida*、山樱花 *Cerasus serrulata*、黄绒润楠 *Machilus grijsii*、沉水樟 *Cinnamomum micranthum*、薯豆 *Elaeocarpus japonicus*、三花冬青 *Ilex triflora*、白花泡桐 *Paulownia fortunei*、油茶 *Camellia oleifera*、密花山矾 *Symplocos congesta*、福建青冈 *Cyclobalanopsis chungii*、小果山龙眼 *Helicia cochinchinensis*、东南野桐 *Mallotus lianus*、大叶山矾 *Symplocos grandis*、薄叶山矾 *Symplocos anomala*、细齿叶柃 *Eurya nitida*、紫珠 *Callicarpa bodinieri*、茶 *Camellia sinensis*、山苍子 *Litsea cubeba*、毛冬青 *Ilex pubescens* 和未识别落叶树种。

和落叶树种分别有 28 和 15 种；常绿阔叶树的株数和胸高断面积分别占总株数和总胸高断面积的 62.88% 和 60.22%，重要值为 59.84%，其中常绿阔叶乔木有 20 种，其株数和胸高断面积分别占总株数和总胸高断面积的 55.88% 和 58.42%，重要值为 51.78%，常绿阔叶灌木有 8 种，株数和胸高断面积占比分别为 7.00% 和 1.79%，重要值为 8.06%；落叶阔叶树的株数和胸高断面积占比分别为 31.44% 和 31.17%，重要值为 32.62%，其中落叶阔叶乔木有 12 种，株数占比、胸高断面积占比和重要值分别为 27.34%、30.51% 和 29.33%；落叶阔叶灌木有 3 种，株数占比、胸高断面积占比和重要值分别为 4.09%、0.66% 和 3.29%。

5.7.3　13年生青冈栎天然林灌木层树种组成与多样性

灌木层的株数密度为 4 533 株/hm²，树高平均值、标准差和变异系数分别为 1.5 m、0.9 m 和 60.0%。灌木层的物种丰富度（27 种）明显少于乔木层，Shannon-Wiener 指数（3.69）和生态优势度（0.13）与乔木层相近，但由于树种分布比较均匀，均匀度（0.78）较乔木层更高。各树种的重要值、相对多度等指标见表 5-10（仅列出重要值>2%的树种）。灌木层有 12 个树种的重要值超过 2%，茶是灌木层的优势种，层内有枫香树、木荷和米槠等珍贵或高价值用材树种。

灌木层 27 个树种隶属于 18 科 23 属，其中樟科、五列木科和山茶科树种数最多，均各有 3 种，安息香科、壳斗科和茜草科均各有 2 种，其余 12 科均只有 1 种。灌木层内乔木和灌木树种的树种数接近，分别有 15 和 12 种，株数占比分别为 30.15% 和 69.85%，重要值分别为 39.13% 和 60.87%，灌木树种在灌木层中占优势。

从生长型来看，常绿树种是灌木层的主体，层内常绿和落叶树种分别有 18 和 9 种，除物种数外，常绿树种的相对多度（71.32%）、相对频度（67.57%）、相对优势度（61.50%）和重要值（66.80%）均远高于落叶树种。18 个常绿树种中，乔木和灌木树种均各有 9 种，灌木树种的相对多度（50.00%）、相对优势度（41.24%）和重要值（41.23%）均高于乔木树种，但灌木树种的相对频度（32.43%）较乔木树种更低。8 个落叶树种中仅有 3 种灌木树种，灌木树种的相对多度（19.85%）、相对优势度（30.97%）和重要值（19.64%）均高于乔木树种，但其相对频度（8.11%）低于乔木树种。

表 5-10　13 年生青冈栎天然林灌木层各树种重要值

Tab. 5-10　The important value of tree species in shrub layer of the 13-year-old *Cyclobalanopsis glauca* natural forest

序号	树种	相对多度 RA(%)	相对频度 RF(%)	相对优势度 RD(%)	重要值 IV(%)
1	茶 (*Camellia sinensis*)	29.41	2.70	19.01	17.04
2	荚蒾 (*Viburnum dilatatum*)	15.44	2.70	24.34	14.16
3	细枝柃 (*Eurya loquaiana*)	9.56	8.11	10.65	9.44
4	杉木 (*Cunninghamia lanceolata*)	6.62	2.70	7.32	5.55
5	青冈栎 (*Cyclobalanopsis glauca*)	3.68	8.11	3.97	5.25
6	拟赤杨 (*Alniphyllum fortunei*)	2.94	8.11	1.91	4.32
7	油茶 (*Camellia oleifera*)	4.41	2.70	5.34	4.15
8	紫珠 (*Callicarpa bodinieri*)	3.68	2.70	5.16	3.84
9	润楠 (*Machilus pingii*)	2.21	5.41	2.50	3.37
10	米槠 (*Castanopsis carlesii*)	2.21	5.41	1.52	3.05
11	朱砂根 (*Ardisia crenata*)	2.21	5.41	0.67	2.7
12	黄毛润楠 (*Machilus chrysotricha*)	2.21	2.70	2.92	2.61
	其他 15 个树种	15.44	43.25	14.70	24.46
	合计	100	100	100	100

注：其他 15 个树种包括格药柃 *Eurya muricata*、巨桉 *Eucalyptus grandis*、黄瑞木 *Adinandra millettii*、秤星树 *Ilex asprella*、山黄皮 *Randia cochinchinensis*、五月茶 *Antidesma bunius*、赛山梅 *Styrax confusus*、花椒 *Zanthoxylum bungeanum*、山矾 *Symplocos sumuntia*、枫香 *Liquidambar formosana*、油桐 *Vernicia fordii*、水团花 *Adina pilulifera*、红楠 *Machilus thunbergii*、木荷 *Schima superba* 和未识别落叶树种。

5.7.4　13 年生青冈栎天然林草本层物种组成

草本层的物种丰富度相对较低，大多为蕨类植物如金星蕨（*Parathelypteris glandulgera*）、芒萁、凤尾蕨（*Pteris cretica* var. *nervosa*）和狗脊蕨等，藤本植物有菝葜和蛇葡萄，乔、灌木幼苗有丝栗栲、黄毛润楠和朱砂根等。

5.8　讨　论

天然更新是森林资源再生产的重要生态过程之一，也是依靠自然力量实现森林生态环境自然恢复的一种低成本、高收益的森林培育方式。本研究中巨桉人工林、邓恩桉人工林和马尾松人工林向天然阔叶林的转型实质上都是通过乡土阔叶树的天然更新实现的，说明通过乡土树种的天然更新可以成功将人工林转型为天然林。但并非所有林下有天然更新的人工林都能实现向天然林的转型，这种转型的成功与否取决于人工林下是否有良好的乡土树种天然更新，这种良好的乡土树种天然更新体现在数量和质量两个方面，即林分内天然更新林木的密度已经足够大，且天然更新林木的物种多样性较为丰富、分布较为均匀。本研究中，巨桉和邓恩桉人工林下的天然更新密度大、物种多样性丰富且分布均匀，对于马尾松人工林来说，在进行采伐试验前，林分乔木层和灌木层内均有丰富的天然更新，其中乔木层内天然更新阔叶树 45 种、株数密度为 1 013 株/hm^2，灌木层内天然更新阔叶树 108 种、株数密度为 7 566 株/hm^2，这些丰富的天然更新保障了人工林向天然林的成功转型。

种源是森林天然更新的基础和保证，也是影响森林天然更

新的因素之一（王希华等，2001，2005；陈永富，2012；雷霄
等，2015）。本研究中，巨桉人工林、邓恩桉人工林和马尾松
人工林前茬均为人促阔叶林采伐迹地，原有天然阔叶林土壤种
子库、样地周边现存天然阔叶林斑块及散生阔叶树的种子传播
为桉树及马尾松人工林向天然阔叶林的成功转型提供了种源保
证。对于青冈栎林分来说，由于青冈栎具有很强的萌芽能力，
结合林分历史及青冈栎树种特性可以推测，转型的青冈栎天然
林中实生青冈栎主要来自土壤种子库，而萌生青冈栎可能有以
下两种来源；一是采伐迹地中原有的青冈栎伐桩；二是土壤种
子库中青冈栎种子长成的实生青冈栎幼树经幼林抚育形成的小
伐桩。

　　与《杉木速生丰产用材林》（LY/T 1384—2007，已废止）相
比，7 年生丝栗栲林的平均高（6.8 m）高于 I 类区同龄杉木速
生丰产林的平均高（5.6 m），平均胸径（5.1 cm）与 II 类区同龄
杉木速生丰产林的平均胸径几乎持平，由于丝栗栲林的株数密
度远大于杉木速生丰产林，因此，丝栗栲林的单位面积蓄积量
（47.70 m³/hm²）远高于杉木速生丰产林（29.40 m³/hm²）。结
合林分的树种组成与多样性可知，由邓恩桉人工林转型的 7 年
生丝栗栲林在生物多样性与生长量方面都得到了快速恢复。

　　3 种采伐方式下马尾松人工林均能成功转型为天然阔叶
林，但不同方式下转型的阔叶林仍有差异，这种差异主要体现
在林分内落叶灌木特别是山苍子的株数密度上，3 种方式下转
型的林分内落叶灌木和山苍子的株数密度均表现为 T1>T3>T2，
造成这种结果的原因可能在于不同采伐方式对林冠层密度的影
响不同，在 T1 处理下林分乔木层所有林木被全部伐除，T3 处
理下林分乔木层仅保留马尾松，保留木密度为 100 株/hm²，而

T2 处理下林分乔木层内除马尾松和杉木外的其他阔叶树均被保留(保留率 35%),至伐后 2 年保留木株数密度仍有 800 株/hm²,3 种方式中 T2 对林冠层密度的影响最小、T1 最大、T3 介于 T2 与 T1 之间,这导致了采伐后林内光照条件以及生长空间的差异,对于山苍子等强喜光落叶灌木来说,T1 处理下光照条件最好、生长空间最大,T2 处理下光照条件最差、生长空间最小,T3 处理下光照条件和生长空间都介于 T1 与 T2 之间,因此,T1 方式下转型的阔叶林中落叶灌木最多,T2 最少,T3 中等。此外,3 种处理方式下林分乔木层平均高极为接近(T1、T2 和 T3 平均高分别为 1. 91 m、2. 28 m 和 1. 98 m),但这是因为新增林木数量极多且大多树高偏低,导致林分乔木层平均高较小。事实上,从林分外貌来看,T2 处理下保留自本底乔木层的林木平均高达 12. 3 m,林分垂直分层明显,而 T3 处理下保留的马尾松平均高也高达 19. 1 m。对比 3 种采伐方式,T1 处理方式作业最为方便、作业效率最高,新增天然阔叶幼树最多,林相较为整齐,但林木个体整体较小;T2 处理方式,作业最为复杂、作业效率最低,新增的天然阔叶幼树最少,林相明显有 2 个层次,上层为保留下来相对较大的林木,下层林木个体较小;T3 处理方式,作业难易程度和作业效率介于 T1 与 T2 之间,新增的天然阔叶幼树的数量也介于 T1 与 T2 之间,林相明显有 2 个层次,上层为保留下来相对较大的人工马尾松,而下层林木个体则较小。

5.9　小　结

本章从林分生长和多样性角度分析了由邓恩桉、巨桉和马尾松人工林转成的天然阔叶林特征，结果表明：

①3 种处理下马尾松人工林均成功转型为天然阔叶林。转型的林分乔木层均具有极高的株数密度（24 000~48 000 株/hm²），平均高在 2 m 左右，乔木层以实生林木为主，萌生林木比例为 25%~28%，主要萌生树种有杉木、赛山梅、木荷和细枝柃等，其中杉木的比重最大。林分乔木层具有丰富的物种多样性，物种丰富度均超过 80、Shannon-Wiener 指数为 3.2~3.6、均匀度在 0.5 左右、生态优势度在 0.2 左右；乔木层以阔叶树种为主，樟科、山茶科和壳斗科的物种数最多，阔叶树种中阔叶乔木的丰富度高于阔叶灌木、常绿阔叶树种的丰富度高于落叶阔叶树种，常绿阔叶树中常绿阔叶乔木的丰富度、相对多度和重要值均高于常绿阔叶灌木，落叶阔叶树中落叶阔叶乔木的丰富度大于落叶阔叶灌木，但相对多度和重要值均小于落叶阔叶灌木；整体来看，乔木层内山苍子的相对多度和重要值均最高，乔木层各生长型的相对多度和重要值均表现为：落叶阔叶灌木>落叶阔叶乔木>常绿阔叶乔木>常绿阔叶灌木。

②3 种处理下马尾松人工林转型的林分灌木层也具有较高的株数密度（17 000~22 000 株/hm²）和丰富度，但相对乔木层更少，平均高在 0.65 m 左右，层内均有一定比例的萌生林木。林分灌木层的物种丰富度均在 65 种以上，Shannon-Wiener 指数为 4.2~4.4、均匀度在 0.7 左右、生态优势度均为 0.09；层内樟科物种数最多，其次为山茶科、大戟科和壳斗科等；3 种处理下转型的林分灌木层均以阔叶树种为主，层内阔叶乔木和常绿阔叶树种的丰富度均分别高于阔叶灌木和落叶阔叶树种，且常绿阔叶乔木和落叶阔叶乔木的丰富度均分别大于常绿阔叶灌木和落叶阔叶灌木，但相对多度、相对优势度和重要值在不

同处理下表现略有差异。整体来看，T2 处理下各生长型相对多度和重要值排序均为：常绿乔木>常绿灌木>落叶灌木>落叶乔木，T3 处理下各生长型相对多度和重要值排序均为常绿乔木>落叶灌木>常绿灌木>落叶乔木，T1 处理下相对多度排序为：常绿乔木>落叶灌木>落叶乔木>常绿灌木，重要值排序为常绿乔木>落叶乔木>落叶灌木>常绿灌木。

③邓恩桉人工林和巨桉人工林均已分别成功转型为 7 年生丝栗栲天然林和 13 年生青冈栎天然林。转型的天然林以实生林木为主，林分异龄林特征明显，具有较高的株数密度、一定的单位面积蓄积量及较大的林木高径比。转型的林分均已高度郁闭，林冠上层均匀分布有桉树枯立木。丝栗栲天然林和青冈栎天然林的乔木层和灌木层均具有较为丰富的物种多样性，乔木层以乡土常绿阔叶乔木树种为主，优势种分别为丝栗栲和青冈栎，灌木层以乡土常绿阔叶树为主，优势树种分别为细枝柃和茶；林分内均有不少珍贵或高价值树种。

第6章 不同处理间转型天然阔叶林特征的差异分析

从第 4 章的分析可知，不同处理下林分特征的年度表现和变化规律有所不同，为探讨不同处理间的差异性，本章采用单因素方差分析和 Kruskal－Wallis 非参数检验方法，对 2018—2020 年的林分生长指标和多样性指标进行差异显著性检验，以揭示不同处理间的差异。

6.1 数据整理

本章采用马尾松样地 2018—2020 年连续 3 期复测数据进行不同处理间马尾松人工林转型的天然阔叶林的差异显著性分析。以 10 m×10 m 样方为基本单元，区分年度和生长型对不同措施下林分生长和多样性指标进行统计整理，分析指标主要包括：各年林分乔木层和灌木层的株数密度、平均高和物种丰富度，以及各年新增林木的株数密度、平均高和物种丰富度。各年各项指标概况如图 6-1、图 6-2 和图 6-3 所示。

考虑到 T1 和 T3 处理下几乎没有保留林分本底乔木层，为方便对比，在计算 T2 和 CK 处理的乔木层各项指标时也均未包含本底乔木层部分。由于各年林分内山苍子仅进行计数和高度范围及平均高记录，无法得到每一年山苍子的实际新增和死

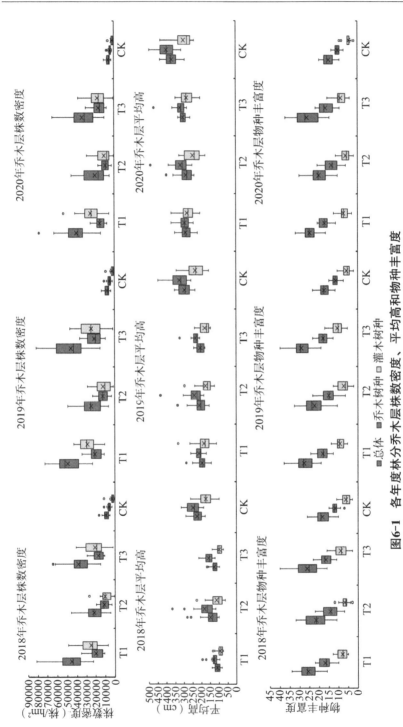

图6-1　各年度林分乔木层株数密度、平均高和物种丰富度

Fig.6-1　The density, mean height and species richness of arbor layers in each year

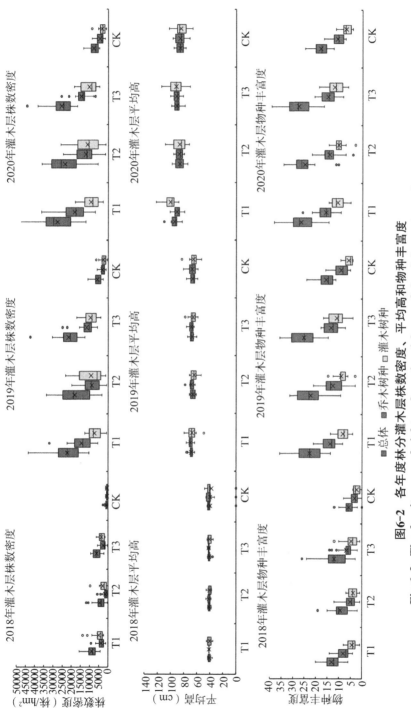

图6-2　各年度林分灌木层株数密度、平均高和物种丰富度

Fig.6-2　The density, mean height and species richness of shrub layers in each year

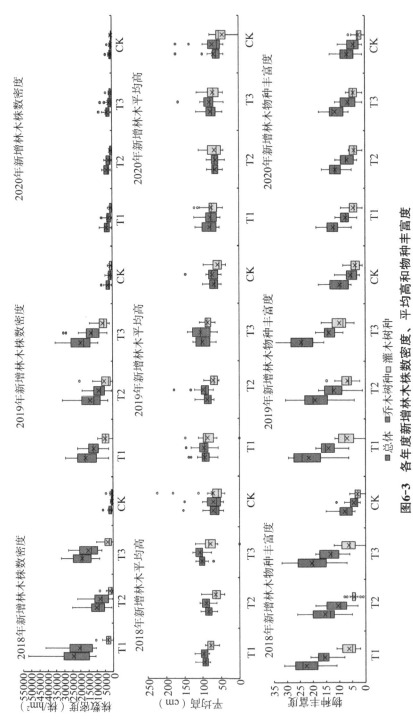

图6-3　各年度新增林木株数密度、平均高和物种丰富度

Fig.6-3　The density, mean height and species richness of newly added trees in each year

亡数量,因此在进行年新增林木指标计算时,均不包含山苍子。此外,细分乔、灌木树种后,可能出现某一指标(如灌木树种株数密度或丰富度)为 0 的情况,在进行差异显著性分析时将 0 值和异常值剔除。

6.2　研究方法

单因素方差分析要求数据需同时满足正态分布和方差齐性,若不满足以上条件则需采用非参数方法。在进行差异显著性检验前,分别采用 Shapiro-Wilk 检验和 Levene 检验对各指标进行正态分布和方差齐性检验,对同时满足正态分布和方差齐性的指标选用单因素方差分析,其余指标选用 Kruskal-Wallis 非参数检验方法。在此,不对单因素方差分析作详细介绍,仅介绍 Kruskal-Wallis 非参数检验。

Kruskal-Wallis 检验(K-W 检验)也称 H 检验,由 Kruskal 和 Wallis 于 1952 年提出,是将 Wilcoxon 秩和检验由两样本推广到多样本检验的方法,也是应用最为广泛的比较多个独立总体大小关系的非参数方法。该方法要求至少对变量进行顺序测量,并能充分利用秩数据中关于每个个体大小的有关信息,而不需对总体分布形态做任何假设,是单因素方差分析的非参数检验替代,与单因素方差分析相比,该方法的功效效率近达 95.5%。

Kruskal-Wallis 检验具有唯一的原假设和对立假设,对若干个独立样本,原假设(H_0)和对立假设(H_1)分别为若干样本的总体大小没有明显差异和若干样本的总体大小有明显差异。K-W 检验原理与 Wilcoxon 秩和检验十分相似,在对总体求秩的基础上根据不同样本的秩和是否有差别进行判断。对于来自 k 个总体的 k 个样本，首先将样本量分别为 $n_1\cdots n_k$ 的 k 个样本放在一起求秩，对第 i 个样本的第 j 个观测值 x_{ij} 的秩记为 R_{ij}，$i=1\cdots k$，$j=1\cdots n_i$，将第 i 个样本的秩和记为 $R_i=\sum_{j=1}^{n_i}R_{ij}$，$i=1\cdots k$，计算统计量如下：

$$H=\frac{12}{N(N+1)}\sum_{i=1}^{k}\frac{R_i^2}{n_i}-3(N+1) \qquad (6\text{-}1)$$

式中：$N=\sum_{i=1}^{k}n_i$，即 k 个样本的总样本量。

当出现两个或多个数据同分，且同分观测量达总样本量的 25% 以上时，需对同分效应进行校正。对于每次涉及 t 个观测数据的 r 次同分，$T_i=t^3-t$，$i=1\cdots r$，所有同分 $T=\sum_{i=1}^{r}T_i$，同分校正因子计算如下：

$$F_t=1-\frac{T}{N^3-N} \qquad (6\text{-}2)$$

利用同分校正因子对计算统计量 H 进行校正，校正后的检验统计量：

$$H'=\frac{H}{F_t} \qquad (6\text{-}3)$$

检验统计量 H（或校正后的 H'）的显著性检验方法与样本量有关，当所有 $n_i>5$ 时，原假设 H_0 成立的条件下 H 的相伴概率服从自由度为 $k-1$ 的卡方分布，在 $H>\chi^2_{\alpha[k-1]}$ 或 $H'>\chi^2_{\alpha[k-1]}$ 时，可以拒绝 H_0，认为 k 个总体大小有明显差异；当 $n_i\leq 5$ 时，可直接从 Kruskal-Wallis 检验临界值表中查得检验临界值进行显著性判断。

6.3　不同处理间林分乔灌木层株数密度和平均高差异分析

　　各年度林分乔木层株数密度和平均高差异显著性分析见表 6-1。林分乔木层总株数密度和总平均高、层内乔木树种和灌木树种的株数密度和平均高的 Kruskal-Wallis 检验 P 值均小于

表 6-1　各年度林分乔木层株数密度和平均高差异显著性分析

Tab. 6-1　Analysis of significant difference of density and mean height of arbor layer in each year

年度	指标	K-W 检验 P 值	成对对比 P 值					
			CK-T1	CK-T2	CK-T3	T3-T1	T3-T2	T2-T1
2018	总株数密度	0.000	0.000	0.022	0.000	1.000	0.038	0.001
	乔木树种株数密度	0.000	0.000	0.036	0.000	1.000	0.046	0.004
	灌木树种株数密度	0.000	0.000	0.034	0.000	1.000	0.070	0.002
	总平均高	0.000	0.000	0.001	0.000	0.565	1.000	0.035
	乔木树种平均高	0.000	0.000	0.003	0.000	0.113	1.000	0.008
	灌木树种平均高	0.000	0.000	0.000	0.000	1.000	1.000	0.907
2019	总株数密度	0.000	0.000	0.013	0.000	1.000	0.018	0.002
	乔木树种株数密度	0.000	0.000	0.012	0.000	1.000	0.020	0.020
	灌木树种株数密度	0.000	0.000	0.011	0.000	1.000	0.095	0.004
	总平均高	0.000	0.000	0.000	0.000	1.000	1.000	1.000
	乔木树种平均高	0.000	0.000	0.000	0.000	0.228	1.000	0.461
	灌木树种平均高	0.000	0.010	0.001	0.004	1.000	1.000	1.000
2020	总株数密度	0.000	0.000	0.003	0.000	1.000	0.224	0.008
	乔木树种株数密度	0.000	0.000	0.009	0.000	1.000	0.018	0.032
	灌木树种株数密度	0.000	0.000	0.004	0.000	0.641	0.668	0.008
	总平均高	0.000	0.000	0.000	0.002	1.000	0.725	1.000
	乔木树种平均高	0.000	0.000	0.000	0.001	0.362	1.000	0.978
	灌木树种平均高	0.018	1.000	0.016	1.000	1.000	0.111	0.315

0.05，说明林分乔木层、层内乔木树种和灌木树种的株数密度和平均高均存在显著差异，且各指标在不同年度表现相同。从各年成对对比结果来看，2018 年，CK 与 T1、T2、T3 的各项指标间均存在显著差异，T3 与 T1 的各指标均无显著差异，T3 与 T2 仅总株数密度和乔木树种株数密度存在显著差异，而 T2 与 T1 仅灌木树种平均高无显著差异；与 2018 年相比，2019 年各处理在各项指标间的表现与 2018 年相似，但该年 T2 与 T1 在乔木层总平均高和灌木树种平均高指标上均无显著差异；2020 年，各处理下各指标的差异显著性有所变化，该年 CK 与 T1 和 T3 的灌木树种平均高无显著差异，且 T3 与 T2 的乔木层总株数密度也无显著差异，其余指标表现均与 2019 年相同。

各年度林分灌木层株数密度和平均高差异显著性分析见表 6-2。可以看出，各指标在不同年度的表现略有不同，其中，2018 年和 2019 年各指标表现相同，均表现为总株数密度、乔木树种和灌木树种的株数密度存在显著差异，总平均高、乔木树种和灌木树种的平均高不存在显著差异，但 2020 年 6 个指标均有显著差异。从成对对比结果来看，在 2018 年，T3 与 T1 和 T2 的各项指标均不存在显著差异，T2 与 T1 仅有总株数密度和乔木树种株数密度存在显著差异，CK 与 T1 和 T3 的总株数密度、乔木树种株数密度和灌木树种株数密度均存在显著差异，而 CK 与 T2 的总株数密度和灌木树种株数密度存在显著差异；在 2019 年，除 CK 与 T2 的乔木树种株数密度具有显著差异、T2 与 T1 的总株数密度无显著差异外，其余指标在各处理间的差异显著性表现均与 2018 年相同；在 2020 年，各指标在不同处理间的差异性较 2018 年和 2019 年有较大改变，从株数密度来看，该年 T3、T2 和 T1 两两之间的总株数密度、乔木

表 6-2　各年度林分灌木层株数密度和平均高差异显著性分析

Tab. 6-2　Analysis of significant difference of density and mean height of shrub layer in each year

年度	指标	参数或非参数检验 P 值	成对对比 P 值					
			CK–T1	CK–T2	CK–T3	T3–T1	T3–T2	T2–T1
2018	总株数密度	0.000	0.000	0.009	0.000	0.429	0.532	0.003
	乔木树种株数密度	0.000	0.000	0.057	0.000	0.631	0.178	0.001
	灌木树种株数密度	0.000	0.000	0.006	0.000	1.000	0.478	0.053
	总平均高	0.197[1]	—	—	—	—	—	—
	乔木树种平均高	0.759	—	—	—	—	—	—
	灌木树种平均高	0.336[1]	—	—	—	—	—	—
2019	总株数密度	0.000	0.000	0.000	0.000	1.000	1.000	1.000
	乔木树种株数密度	0.000	0.000	0.002	0.000	1.000	0.912	0.050
	灌木树种株数密度	0.000	0.000	0.000	0.000	1.000	1.000	1.000
	总平均高	0.211[1]	—	—	—	—	—	—
	乔木树种平均高	0.433[1]	—	—	—	—	—	—
	灌木树种平均高	0.500[1]	—	—	—	—	—	—
2020	总株数密度	0.000	0.000	0.000	0.000	1.000	1.000	1.000
	乔木树种株数密度	0.000	0.000	0.001	0.000	1.000	1.000	0.094
	灌木树种株数密度	0.000	0.000	0.000	0.000	1.000	1.000	1.000
	总平均高	0.000[1]	0.000	0.678	0.008	0.128	0.025	0.000
	乔木树种平均高	0.010[1]	0.013	0.447	0.004	0.649	0.029	0.081
	灌木树种平均高	0.000[1]	0.000	0.533	0.024	0.007	0.097	0.000

注：1 代表使用单因素方差分析法。

树种株数密度和灌木树种株数密度均不存在显著差异，从平均高来看，CK 与 T1 的总平均高、乔木树种平均高和灌木树种平均高以及 CK 与 T3 的总平均高和乔木树种平均高均存在显著差异，T3 与 T1 的灌木树种平均高、T3 与 T2 的总平均高和乔木树种平均高、T2 与 T1 的总平均高和灌木树种平均高也均存在显著差异。

　　总体来看，无论是乔木层还是灌木层，3 年 CK 和其他 3 种处理的株数密度几乎都存在显著差异，但平均高在乔、灌木层的表现有所不同，说明采伐措施显著影响林分乔、灌木层的株数密度及乔木层平均高，但对灌木层平均高的影响不大；对于 T3 和 T1 来说，乔、灌木层各指标中仅有 2020 年灌木层灌木树种平均高存在显著差异，可以认为两种采伐措施对林分乔、灌木层的密度和平均高的影响效果相同；对于 T3 和 T2 来说，措施的影响主要表现在乔木层总株数密度和乔木层乔木树种株数密度，对灌木层株数密度和乔、灌木层平均高的影响效果不显著；对于 T2 和 T1 来说，措施的影响主要表现在乔木层株数密度，而对乔木层平均高和灌木层株数密度的影响则逐渐不显著。

6.4　不同处理间林分乔灌木层物种丰富度差异分析

　　各年度林分乔木层物种丰富度差异显著性分析见表 6-3。各年度林分乔木层总丰富度、乔木树种丰富度和灌木树种丰富度均有显著差异。从成对对比结果可知，在 2018 年，CK 和 T2、T3 和 T1 的各丰富度指标均无显著差异，T3 和 T2、T2 和 T1 均仅有总丰富度存在显著差异，CK 和 T1 仅有灌木树种丰富度不存在显著差异，而 CK 和 T3 各丰富度均有显著差异；在 2019 年，CK 和 T3、T3 与 T1 各指标差异性表现与 2018 年相同，CK 与 T2 仅有灌木树种丰富度无显著差异，T3 与 T2、T2 与 T1 均仅有乔木树种丰富度不存在显著差异；2020 年各丰富度指标在 CK 与 T1、T2、T3，T3 与 T1、T2 之间的差异性表现与 2019 年相同，而 T2 与 T1 各丰富度指标均无显著差异。

表 6-3　各年度林分乔木层物种丰富度差异显著性分析

Tab. 6-3　Analysis of significant difference of species richness of arbor layer in each year

年度	指标	参数/非参数检验 P 值	成对对比 P 值					
			CK–T1	CK–T2	CK–T3	T3–T1	T3–T2	T2–T1
2018	总丰富度	0.000[1]	0.000	0.052	0.000	0.783	0.006	0.013
	乔木树种丰富度	0.000	0.000	0.135	0.000	1.000	0.478	0.162
	灌木树种丰富度	0.024	0.222	1.000	0.033	1.000	0.262	1.000
2019	总丰富度	0.000[1]	0.000	0.002	0.000	0.369	0.000	0.001
	乔木树种丰富度	0.000	0.000	0.014	0.000	1.000	0.209	0.135
	灌木树种丰富度	0.000[1]	0.000	0.082	0.000	0.135	0.000	0.023
2020	总丰富度	0.000	0.000	0.033	0.000	1.000	0.023	0.072
	乔木树种丰富度	0.000	0.000	0.045	0.000	1.000	0.175	0.056
	灌木树种丰富度	0.000	0.001	0.104	0.000	1.000	0.043	1.000

注：1 代表使用单因素方差分析法。

各年度林分灌木层物种丰富度差异显著性分析见表 6-4。各年度灌木层各丰富度指标均有显著差异，这与乔木层表现相同。从成对对比结果来看，3 年间，T3 与 T1 之间各丰富度指标均无显著差异，CK 和 T1 仅在 2019 年灌木树种丰富度上无显著差异，CK 和 T3 则仅在 2018 年灌木树种丰富度上无显著差异，对于 T3 和 T2，仅有 2020 年灌木树种丰富度存在显著差异，而 T2 和 T1 仅在 2018 年总丰富度和灌木树种丰富度存在显著差异。

总体来看，3 年间，林分乔木层和灌木层的丰富度指标均存在显著差异。与 CK 相比，T1 和 T3 处理下乔木层和灌木层丰富度几乎均存在显著差异，说明皆伐乔木层林木（T1）和保留有限乔木层林木（T3）的方式显著影响林分乔木层和灌木层

表 6-4　各年度林分灌木层物种丰富度差异显著性分析

Tab. 6-4　Analysis of significant difference of species richness

of shrub layer in each year

年度	指标	参数或非参数检验 P 值	成对对比 P 值					
			CK–T1	CK–T2	CK–T3	T3–T1	T3–T2	T2–T1
2018	总丰富度	0.000[1]	0.000	0.022	0.000	0.466	0.056	0.009
	乔木树种丰富度	0.000	0.000	0.327	0.002	0.761	0.515	0.007
	灌木树种丰富度	0.023	0.041	0.180	0.051	1.000	1.000	1.000
2019	总丰富度	0.000[1]	0.000	0.000	0.000	0.151	0.090	0.791
	乔木树种丰富度	0.000[1]	0.000	0.000	0.000	0.733	0.465	0.285
	灌木树种丰富度	0.000	0.054	0.005	0.000	0.158	0.798	1.000
2020	总丰富度	0.000	0.000	0.001	0.000	1.000	1.000	1.000
	乔木树种丰富度	0.000[1]	0.000	0.003	0.001	0.428	0.608	0.193
	灌木树种丰富度	0.000[1]	0.000	0.000	0.000	0.117	0.049	0.682

注：1 代表使用单因素方差分析法。

丰富度，而 T2 处理下乔木层和灌木层的丰富度随时间推移均逐渐由无差异转变为有显著差异。对比 3 种采伐措施可知，无论是乔木层还是灌木层，T3 和 T1 间各丰富度指标均无显著差异，说明两种采伐措施对乔木层和灌木层物种丰富度的影响几乎相同；对 T3 和 T2、T2 和 T1 来说，措施主要影响乔木层丰富度，对灌木层丰富度的影响不显著。

6.5　不同处理间林分各年度新增林木株数密度和平均高差异分析

各年度新增林木株数密度和平均高差异显著性分析见表 6-5。2018 年和 2019 年所有指标均有显著差异，2020 年仅有乔

表 6-5　各年度新增林木株数密度和平均高差异显著性分析

Tab. 6-5　Analysis of significant difference of density and mean

height of new added trees in each year

年度	指标	参数或非参数检验 P 值	成对对比 P 值					
			CK–T1	CK–T2	CK–T3	T3–T1	T3–T2	T2–T1
2018	总株数密度	0.000	0.000	0.012	0.000	1.000	0.051	0.001
	乔木树种株数密度	0.000	0.000	0.012	0.000	1.000	0.093	0.001
	灌木树种株数密度	0.000	0.000	0.118	0.000	1.000	0.540	0.614
	总平均高	0.000	0.001	0.277	0.000	0.677	0.003	0.341
	乔木树种平均高	0.000	0.002	0.078	0.000	0.315	0.012	1.000
	灌木树种平均高	0.000	0.044	1.000	0.006	1.000	0.008	0.052
2019	总株数密度	0.000	0.000	0.000	0.000	1.000	0.349	1.000
	乔木树种株数密度	0.000	0.000	0.000	0.000	1.000	0.343	0.541
	灌木树种株数密度	0.000	0.000	0.004	0.000	1.000	0.314	1.000
	总平均高	0.000	0.000	0.020	0.000	1.000	0.357	1.000
	乔木树种平均高	0.000	0.004	0.005	0.000	1.000	1.000	1.000
	灌木树种平均高	0.000	0.000	0.261	0.000	1.000	0.072	0.014
2020	总株数密度	0.000	0.000	0.000	0.001	1.000	1.000	1.000
	乔木树种株数密度	0.000	0.000	0.001	0.052	0.934	1.000	1.000
	灌木树种株数密度	0.006	0.116	0.016	0.008	1.000	1.000	1.000
	总平均高	0.006[1]	0.004	0.677	0.014	0.635	0.036	0.011
	乔木树种平均高	0.074	—	—	—	—	—	—
	灌木树种平均高	0.032[1]	0.005	0.102	0.023	0.525	0.488	0.186

注：1 代表使用单因素方差分析法。

木树种平均高无显著差异。从成对对比结果来看，2018 年，CK 和 T1、T3 的各项指标均有显著差异，而 T3 和 T1 的各项指标均无显著差异，CK 和 T2、T2 和 T1 间各指标表现相同，均表现为总株数密度和乔木树种株数密度存在显著差异，T3 和 T2 在株数密度上无显著差异，而平均高均存在显著差异；

2019 年，CK、T1、T3 两两之间各指标的差异显著性表现均与 2018 年相同，T3 和 T2 的各项指标均无显著差异，T2 和 T1 仅有灌木树种平均高有显著差异，而 CK 和 T2 仅有灌木树种平均高无显著差异；2020 年，T3 和 T1 的各指标也均无显著差异，T2 与 T3、T1 间均仅有总平均高存在显著差异，T1、T2、T3 与 CK 的总株数密度均存在显著差异，CK 与 T1、T2 对比可知，除乔木树种平均高外，CK 与 T1 间仅灌木树种株数密度无显著差异，CK 与 T2 间仅乔木树种株数密度和灌木树种平均高无显著差异。

总体来看，3 年间 T3 与 T1 各指标均无显著差异，可以认为这两种处理措施对各年新增林木的株数密度和丰富度的影响相同，T2 与 T1、T3 各指标间的差异性随时间的推移逐渐转变成无显著差异，到 2020 年时，3 种处理两两间均无显著差异，可以认为该年 3 种采伐措施对新增林木的株数密度和平均高的影响相同。与 CK 相比，尽管各年 T1、T2、T3 各指标差异显著性有所变化，但仍可以认为 3 种采伐措施均会影响新增林木的株数密度和平均高。

6.6　不同处理间林分各年度新增林木物种丰富度差异分析

各年度新增林木物种丰富度差异显著性分析见表 6-6。各年度新增林木的物种丰富度指标均存在显著差异。从成对对比结果可知，2018 年 T3 和 T1、T2 间各指标均无显著差异，T2 与 T1、T2 与 CK 均仅灌木树种丰富度不存在显著差异，而 CK 与 T1、T3 各指标均存在显著差异；2019 年和 2020 年，各指标表现相同，均表现为在 T1、T2、T3 两两间均不存在显著差异，但与 CK 均存在显著差异。

总体来看，T3 与 T1、T3 与 T2 对各年度新增林木丰富度的影响效果相同，而 T2 和 T1 对丰富度的影响在 2019 年和 2020 年相同；各年 CK 与 T1、T3 的丰富度指标均有显著差异，而 CK 与 T2 间仅 2018 年灌木树种丰富度不存在显著差异，可以认为 T1、T2、T3 3 种采伐方式均会对各年新增林木的丰富度产生影响。

表 6-6　各年度新增林木物种丰富度差异显著性分析

Tab. 6-6　Analysis of significant difference of species richness

of new added trees in each year

年度	指标	参数或非参数检验 P 值	成对对比 P 值					
			CK–T1	CK–T2	CK–T3	T3–T1	T3–T2	T2–T1
2018	总丰富度	0.000	0.000	0.009	0.000	1.000	0.352	0.031
	乔木树种丰富度	0.000	0.000	0.004	0.000	1.000	0.615	0.025
	灌木树种丰富度	0.000	0.001	0.445	0.001	1.000	0.221	0.230
2019	总丰富度	0.000	0.000	0.002	0.000	1.000	0.244	1.000
	乔木树种丰富度	0.000	0.000	0.000	0.000	1.000	1.000	0.859
	灌木树种丰富度	0.000	0.002	0.017	0.000	0.340	0.066	1.000
2020	总丰富度	0.0001	0.000	0.000	0.000	0.473	0.962	0.444
	乔木树种丰富度	0.001[1]	0.000	0.002	0.008	0.237	0.598	0.510
2020	灌木树种丰富度	0.034	0.013	0.024	0.009	1.000	1.000	1.000

6.7　讨　论

林下光照条件的差异显著影响天然更新幼苗的养分积累和

生长(周光等，2021)，对本研究中的 3 种采伐措施来说，T1
处理下光照条件最好，T2 处理下光照条件最差，T3 处理下光
照条件介于 T1 与 T2 之间，这种光照条件的差异可能是导致不
同措施下林分株数密度和平均高差异的主要原因，但对于 T3
和 T1 来说，二者在各项指标下几乎都没有显著差异，这说明
保留的马尾松对林分株数密度和平均高等方面的影响几乎可以
忽略。

对华北落叶松(*Larix gmelinii var. principis-rupprechtii*)人工
林的天然更新研究表明，林分密度显著影响林下幼苗的更新密
度(王杰等，2021)，本研究中，进行采伐措施后，T1 和 T3 处
理下林分株数密度显著下降，但 T2 处理对密度的影响较小，
从伐后新增天然更新林木的株数密度来看，随着林龄的增大，
各年新增林木的株数密度逐渐减少，到伐后第三年即 2020 年
时，各措施下林分内新增天然更新林木已极少，除光照条件的
影响外，另一个重要原因是林分密度已经足够大，林分处于充
分郁闭状态，生长空间几乎已被全部占据。

从成对对比结果来看，随着林龄的增大，3 种采伐措施下
林分乔木层、灌木层及各年新增林木的各项指标趋于无差异，
可以推测，尽管现阶段 3 种采伐措施下林分的特征不同，但随
着演替的进行，未来林分的表现可能趋于相同。

6.8 小　结

本章采用单因素方差分析和 Kruskal-Wallis 检验对不同处
理间各年林分乔木层、灌木层及新增林木的生长和多样性指标
进行差异显著性分析，以探讨不同采伐措施对马尾松人工林转

型为天然阔叶林的影响，结果表明：

①对于乔木层来说，不同采伐措施下林分乔木层整体、层内乔木树种和灌木树种的株数密度、平均高和丰富度均存在显著差异，且各指标在不同年度的表现相同。3 种采伐措施均会对乔木层株数密度、平均高和丰富度产生影响，且 3 种采伐措施下林分乔木层的株数密度和丰富度均显著高于对照处理，但平均高更低；T1 和 T3 处理对乔木层株数密度、平均高和丰富度的影响相当，T1 与 T2 对株数密度和平均高的影响逐渐趋于相同，但 T2 与 T3 仅在平均高指标上趋于相同。

②对于灌木层来说，不同采伐措施下林分灌木层整体、层内乔木树种和灌木树种的株数密度和丰富度均存在显著差异，且在不同年度的表现相同，但平均高仅在 2020 年表现出显著差异。3 种采伐措施均会对灌木层株数密度和丰富度产生影响，且 3 种采伐措施下林分灌木层的株数密度和丰富度均显著高于对照处理，但平均高的差异不大；T1 和 T3、T2 和 T3 对灌木层株数密度、平均高和丰富度的影响相当，而 T1 与 T2 在平均高指标上逐渐表现为 T1 平均高大于 T2 平均高。

③对各年度新增林木来说，不同采伐措施下林分各年新增林木总体、新增乔木和新增灌木的株数密度、平均高和丰富度几乎均存在显著差异，且各指标在不同年度的表现相同。3 种采伐措施均会对各年度新增林木的株数密度和丰富度产生影响，T1 和 T3 处理下各年度新增林木的株数密度、平均高和丰富度均高于对照处理，T2 在株数密度和丰富度上高于对照处理，但在丰富度上无差异，T3 与 T2、T1 与 T2 在各指标上逐渐趋于无差异。

第7章 人工林转型天然阔叶林的基本条件

本章基于第3章至第6章的分析，以中亚热带人促阔叶林为参照，将由桉树和马尾松人工林转型的天然阔叶林与相同或相近年龄的人促阔叶林进行比较分析，结合伐前林分灌木层林木及伐后新增天然更新林木的动态变化，论证中亚热带人工林转型天然阔叶林的基本条件。

7.1 与相近年龄人促阔叶林的比较

7.1.1 7年生丝栗栲天然林与相近年龄人促阔叶林的比较

与福建顺昌11年生人促丝栗栲林(黄清麟等，1999)相比，本研究中的7年生丝栗栲林乔木层的物种丰富度和Shannon-Wiener指数均较11年生人促丝栗栲林乔木层(物种丰富度、Shannon-Wiener指数分别为12、1.19)更高，林分生长指标较11年生人促丝栗栲林(平均胸径、平均高、蓄积量分别为6.7 cm、8.6 m、110.7 m³/hm²)更低，但株数密度与其接近(11年生人促丝栗栲林密度为6 788 株/hm²)。与福建顺昌同龄一般人促阔叶林(黄清麟，1998b)相比，7年生丝栗栲林的平均胸径和平均高与一般人促阔叶林(平均胸径、平均高和蓄积量分别为 6.2 cm、6.8 m 和 66.3 m³/hm²)接近，蓄积量更低，但株数密度较一般人促阔叶林(4 530 株/hm²)更大。

由于 11 年生人促丝栗栲林及 7 年生一般人促阔叶的乔木层均定义为胸径≥5 cm 林木组成的层次，为更好的进行对比，将本研究中的 7 年生丝栗栲天然林乔木层中胸径<5 cm 的林木剔除。剔除这部分林木后，7 年生丝栗栲天然林乔木层的株数密度、平均胸径、平均高和蓄积量分别为 2 192 株/hm²、7.6 cm、7.4 m 和 38.8 m³/hm²，物种丰富度和 Shannon-Wiener 指数分别为 29 和 3.2。可以看出，与 11 年生人促丝栗栲林相比，7 年生丝栗栲天然林平均胸径、物种丰富度和 Shannon-Wiener 指数均更高，但其他生长指标均更低；与一般人促阔叶林相比，7 年生丝栗栲天然林平均胸径和平均高更大，但株数密度和蓄积量均更低。从树种组成来看，本研究中的 7 年生丝栗栲天然林与顺昌 11 年生人促丝栗栲林均以丝栗栲为优势种，此外还有木荷、米槠等常绿树种，落叶树种以东南野桐、山乌柏、檫木为主。

综合树种组成与多样性以及林分生长等林分特征的比较，由邓恩桉人工林转型的 7 年生丝栗栲天然林与相近年龄的人促丝栗栲林的林分特征已无本质区别，属较为典型的处于幼林阶段的中亚热带天然阔叶林。从人促阔叶林的演替方向来看，在进行封育管理后，7 年生丝栗栲天然林的演替将与人促阔叶林相似，最终演替为地带性植被类型的常绿阔叶林。

7.1.2　13 年生青冈栎天然林与相近年龄人促阔叶林的比较

与福建顺昌同龄一般人促阔叶林(黄清麟，1998b)相比，本研究中 13 年生青冈栎天然林的平均胸径(6.2 cm)和蓄积量

（94.43m³/hm²）均约为一般人促阔叶林平均胸径（12.0 cm）和蓄积量（175.6 m³/hm²）的一半，平均高（9.5 m）与一般人促阔叶林（平均高9.6 m）相近，株数密度（6 038 株/hm²）约为一般人促阔叶林密度（3 045 株/hm²）的 2 倍。在剔除胸径<5 cm 的林木后，13 年生青冈栎天然林的株数密度、平均胸径、平均高和蓄积量分别为 2 350 株/hm²、9.2 cm、10.3 m 和 83.4 m³/hm²，其平均高较一般人促阔叶林更高，但其余指标均低于一般人促阔叶林。

与福建建瓯天然阔叶林皆伐后封育形成的 24 年生福建青冈萌芽林（株数密度、平均胸径、平均高和蓄积量分别为 2 875 株/hm²、11.4 cm、9.8 m 和 155.3 m³/hm²）相比（黄清麟等，1995），本研究中的 13 年生青冈栎天然林的平均高略高、平均胸径更低、株数密度较为接近、蓄积量约为福建青冈萌芽林的 1/2。在树种组成上，除优势树种外，福建青冈萌芽林和青冈栎天然林乔木层内均还有丝栗栲、木荷、马尾松等常绿树种，由于年龄较小，青冈栎天然林内还有一些落叶乔木，如拟赤杨、南酸枣和赛山梅等。

7.1.3   2 年生天然阔叶林与相近年龄人促阔叶林的比较

将马尾松人工林转型的 2 年生天然阔叶林与永安市 2.5 年生人促阔叶林（张晓红等，2010）对比。在生长指标上，2.5 年生人促阔叶林乔木层的株数密度和平均高分别为 19 533 株/hm² 和 1.8 m，其株数密度显著低于 3 种处理下转型的 2 年生天然阔叶林，平均高则较为接近。由于 2.5 年生人促阔叶林乔木层定义为树高≥1.3 m 的所有林木，而转型的 2 年生天然阔叶林乔木层内有部分林木树高为 1.0~1.3 m，因此，对 2 年生天然阔叶林同样计算了剔除树高 1.0~1.3 m 的林木之后的株数密度和平均高，对于 T2 和 T3 处理也均不包括保留自本底乔木层的林木，其中 T1 处理的株数密度和平均高分别为 36 410 株/hm² 和 2.1 m，T2 处理的株数密度和平均高分别为 17 175 株/hm² 和 2.2 m，T3 处理的株数密度和平均高分别为 37 755 株/hm² 和 2.1 m。可以看出，在剔除树高 1.0~1.3 m 的林木之后，3 种处理下转型的 2 年生天然阔叶林的株数密度仍显著高于 2.5 年生人促阔叶林，平均高也略高于 2.5 年生人促阔叶林；对于平均胸径来说，由于 2 年生天然阔叶林内有一些林木极其细小，因此仅记录了部分林木的胸径(T1、T2 和 T3 处理下有胸径记录的林木株数分别占各处理下树高 ≥1.3 m 林木株数的 42.61%、54.06% 和 45.78%)，T1、T2 和 T3 处理下林分平均胸径分别为 1.2 cm、1.5 cm 和 1.4 cm，均低于 2.5 年生人促阔叶林的平均胸径(2.0 cm)。

在多样性指标上，2.5 年生人促阔叶林乔木层的物种丰富度、Shannon-Wiener 指数、均匀度和生态优势度分别为 33、2.93、0.62 和 0.21，本研究中 3 种处理下转型的 2 年生天然阔叶林乔木层的物种丰富度和 Shannon-Wiener 指数均较 2.5 年生人促阔叶林乔木层更高，但均匀度更低，生态优势度较为接近；从树种组成来看，2.5 年生人促阔叶林内喜光速生落叶树种如山苍子、东南野桐等占重要地位，其中山苍子的相对多度、相对优势度和重要值均最高，重要值接近 30%，这与 3 种处理下转型的 2 年生天然阔叶林表现一致，此外，林分内常绿阔叶树的树种组成也极为相似，主要有丝栗栲、木荷、青冈栎、红楠等，还有一定比例的珍贵或高价值树种。对多样性指标和树种组成来说，剔除树高 1.0~1.3 m 的林木并不会改变二者的大小关系。

综合树种组成与多样性以及林分生长等林分特征的比较，可以认为 3 种处理下转型的 2 年生天然阔叶林特征与相近年龄的人促阔叶林无本质区别，可以推测在进行封育保护后，转型的 2 年生天然阔叶林的发展方向将与人促阔叶林相同，最终演替为地带性植被类型的常绿阔叶林。

7.2　人工林转型天然阔叶林基本条件的论证

对天然阔叶林人工促进天然更新技术的研究表明，阔叶林天然更新以伐前林下幼树为主，伐前林分内有每亩 200 株以上（即 3 000 株/hm² 以上）且分布均匀的乔木幼树，皆伐后不炼山而是采取封山育林的方式可以确保伐后天然更新成功（李元红，1984；1985），即确保伐后更新为人促阔叶林。结合第 5 章和 7.1 节可知，3 种处理下马尾松人工林均能成功转型为天然阔叶林，且转型的天然阔叶林与相近年龄的人促阔叶林无本质区别，在封育保护的条件下可以确保未来演替为地带性植被类型的常绿阔叶林。参考天然阔叶林人工促进天然更新技术，本研究中人工林向天然阔叶林转型的基本条件也应重点关注伐前林下天然更新幼树，即伐前林分灌木层内的天然更新幼树。

转型后林分内的林木可分为以下 3 个组分，即保留自本底灌木层（伐前林分灌木层，T2 和 T3 处理下还包括少量本底乔木层林木）的林木、伐后新增天然更新乔木和伐后新增天然更新灌木，为确定转型后的天然阔叶林未来林分是否以伐前林分灌木层内的天然更新幼树为主，统计 2018—2020 年 3 种处理下林分乔木层 3 个组分的株数密度和平均高，结果见表 7-1。对 T2 和 T3 处理来说，伐后天然阔叶林乔木层内保留自本底乔木层的林木数量较少，且从 4.3.1 节的分析可知这部分林木对伐后天然阔叶林的株数密度和平均高影响较小，因此，3 种处理下均仅将保留自本底灌木层的林木与新增林木进行对比。

从表 7-1 可知，3 种处理下，林分乔木层内新增天然更新林木的密度远高于保留自本底灌木层的林木密度，且新增天然更新林木以落叶灌木为主，从平均高来看，无论是乔木树种还是灌木树种、常绿树种还是落叶树种，保留自本底灌木层林木的平均高几乎均显著高于新增天然更新林木的平均高，乔木树种的树高差为 1～2.3 m，灌木树种的树高差相对较小，为 0.3～1.0 m。这意味着尽管新增天然更新林木数量极大，但个体相对较小、树高较低，并不能占据林冠上层，在与保留自本底灌木层林木的竞争中处于劣势。

表 7-1 中，N2 代表的是某一年林分乔木层内现存的新增天然更新林木株数密度，尽管从 2019—2020 年 N2 出现较大幅度的下降，但事实上从 2019—2020 年，林分内仍出现一些新增天然更新林木，可以推测，除枯死导致的株数减少外，另一个重要原因在于随着受光面的抬升，前一年林分乔木层内的新增天然更新林木中有相当比例的林木树高不能达到下一年的受光面高度而"掉入"灌木层。随着演替的进行，这些"掉入"灌木层的林木再进入乔木层的可能性极小，且会有更多的新增天然更新林木死亡或不能进入下一年的乔木层，未来林分乔木层将以本底灌木层林木为主。

从生长型来看，无论是保留自本底灌木层的林木还是新增天然更新林木，其中乔木树种的平均高几乎均高于灌木树种，这说明林分内灌木树种始终处于乔木树种冠层之下,对于数量庞大的强喜光落叶阔叶灌木(尤其是山苍子)来说,随着时间的推移将因接受不到垂直光照而枯死,耐阴的常绿灌木幼树则可以在林冠层下继续生长。在由邓恩桉和巨桉人工林转型的丝栗栲和青冈栎天然林内,落叶阔叶灌木幼树(尤其是山苍子)的株数很少,这也充分说明了这个机理。可以推测,未来林分内乔木树种将是乔木层的主体。对于保留自本底灌木层的林木来说,其中的乔木树种和灌木树种的树高差距随着林分年龄增大而明显加大,且乔木树种的枯死率相对灌木树种更小,在未来林分演替与发展过程中,保留自本底灌木层的林木特别是其中的乔木幼树将始终保持优势地位。

考虑到保留自本底灌木层的乔木幼树中有相当比例的落叶成分,且乔木树种中还有一定量的针叶树种(马尾松和杉木),因此,再将这些乔木幼树细分为常绿阔叶乔木、落叶阔叶乔木、马尾松和杉木,分别统计株数密度、平均高和损失率,见表7-2。可以看出,保留自本底灌木层的乔木幼树中,阔叶树种的株数密度远高于针叶树种,平均高也更高;常绿阔叶乔木幼树的株数密度均高于落叶阔叶乔木,平均高则更低,但随着林分年龄的增大二者平均高的差距越来越小。从损失率来看,从2019年起,常绿阔叶乔木幼树的损失率表现为减少的趋势,但落叶阔叶乔木幼树的损失率表现为增加趋势。对比常绿阔叶乔木幼树和杉木各指标,可以看出,杉木的株数密度远小于常绿阔叶乔木幼树的株数密度,平均高表现在各处理下略有差异,但从2019年起,各处理下常绿阔叶乔木幼树的平均高均高于杉木的平均高,且随林分年龄的增大这种差距有增大的趋势。随着演替的进行,常绿阔叶乔木幼树将成为林分乔木层的主体。

表 7-1　2018—2020 年各处理下林分乔木层各组分株数密度和平均高变化

Tab.7-1　The changes in density and mean height of each component in the arbor layer of the stand under each treatment from 2018 to 2020

处理		类别	2018				2019				2020			
			N1	N2	H1	H2	N1	N2	H1	H2	N1	N2	H1	H2
T1	乔木树种	总体	2 960	17 045	238.7	110.1	2 420	17 545	306.3	190.6	2 005	12 475	378.9	266.1
		常绿	2 470	9 115	219.9	105.1	2 005	8 710	286.1	162.4	1 665	5 850	362.9	232.1
		落叶	490	7 930	333.3	116.0	415	8 835	403.7	218.4	340	6 625	457.1	296.0
	灌木树种	总体	1 635	23 660	169.3	89.7	1 225	26 325	219.1	178.7	895	22 970	282.5	283.1
		常绿	1 340	1 725	170.3	93.2	1 030	2 305	224.0	149.8	760	1 620	287.7	208.6
		落叶	295	21 935	165.0	89.4	195	24 020	192.9	181.5	135	21 350	253.1	288.8
T2	乔木树种	总体	4 770	6 490	246.2	103.6	4 080	7 920	307.4	169.2	3 420	5 555	379.0	237.8
		常绿	3 770	4 880	224.6	105.9	3 165	5 405	286.1	161.7	2 635	3 625	357.3	226.2
		落叶	1 000	1 610	327.7	96.6	915	2 515	380.9	185.6	785	1 930	451.8	259.7
	灌木树种	总体	2 735	7 765	165.5	77.0	1 950	9 710	223.9	160.3	1 395	8 720	282.4	240.5
		常绿	2 230	1 140	167.0	82.6	1 620	995	229.2	139.8	1 200	650	286.1	200.6
		落叶	505	6 625	158.4	76.0	330	8 715	198.0	162.6	195	8 070	259.7	243.7

（续）

处理		类别	2018				2019				2020			
			N1	N2	H1	H2	N1	N2	H1	H2	N1	N2	H1	H2
T3	乔木树种	总体	4 965	12 495	241.2	118.4	4 290	16 180	306.0	199.1	3 700	11 785	380.5	277.6
		常绿	3 925	5 455	215.9	107.9	3 330	6 970	278.3	167.6	2 800	4 670	353.3	235.3
		落叶	1 040	7 040	337.0	126.6	960	9 210	402.3	222.9	900	7 115	465.0	305.5
	灌木树种	总体	2 615	18 130	177.9	81.8	2 055	21 480	231.0	165.6	1 525	14 985	296.7	277.5
		常绿	1 810	1 565	178.4	91.0	1 415	1 985	239.2	140.7	1 100	1 190	306.5	200.6
		落叶	805	16 565	176.7	80.9	640	19 495	212.8	168.1	425	13 795	271.5	284.1
CK	乔木树种	总体	5 640	480	262.7	91.3	4 575	510	330.6	150.4	3 645	310	398.3	229.1
		常绿	4 370	355	231.9	83.2	3 490	400	298.3	140.6	2 765	240	372.1	208.0
		落叶	1 270	125	369.0	114.2	1 085	110	434.6	186.1	880	70	480.4	301.4
	灌木树种	总体	2 495	565	242.0	94.7	1 840	465	245.0	156.5	1 375	325	305.7	219.0
		常绿	1 860	340	195.2	97.8	1 420	175	252.5	203.6	1 075	110	317.2	285.0
		落叶	635	225	184.5	82.8	420	290	219.7	128.1	300	215	264.5	185.1

注：N1、N2 分别代表本底灌木层林木株数密度及伐后新增林木株数密度（株/hm²），H1、H2 分别代表灌木底层林木平均高和伐后新增林木平均高（cm）。

表 7-2　各处理下林分乔木层内保留自本底灌木层的乔木树种株数密度和平均高

Tab. 7-2　The density and mean height of arbor species retained from the background shrub layer in arbor layer of stand under each treatment

处理	类别	2017-A		2017-B			2018			2019			2020		
		N	H	N	H	LR	N	H	LR	N	H	LR	N	H	LR
T1	常绿阔叶树	3 065	188.2	2 475	173.8	19.25	2 060	211.0	16.77	1 630	286.1	20.87	1 355	371.4	16.87
	落叶阔叶树	1 195	332.8	680	320.5	43.10	490	333.3	27.94	415	403.7	15.31	340	457.1	18.07
	马尾松 (Pinus massoniana)	5	120.0	5	120.0	0	0	—	100.00	0	—	—	0	—	—
	杉木 (Cunninghamia lanceolata)	645	246.0	625	246.5	3.10	410	264.7	34.40	375	286.1	8.54	310	325.5	17.33
T2	常绿阔叶树	2 830	198.4	2 400	196.6	15.19	2 100	241.8	12.50	1 815	313.9	13.57	1 625	387.0	10.47
	落叶阔叶树	1635	273.7	1155	266.1	29.36	1000	327.7	13.42	915	380.9	8.50	785	451.8	14.21
	马尾松 (Pinus massoniana)	5	100.0	5	100.0	0	0	—	100.00	0	—	—	0	—	—
	杉木 (Cunninghamia lanceolata)	2 885	181.2	2 865	181.5	0.69	1 670	202.9	41.71	1 350	248.7	19.16	1 010	309.4	25.19

（续）

处理	类别	2017-A		2017-B			2018			2019			2020		
		N	H	N	H	LR	N	H	LR	N	H	LR	N	H	LR
T3	常绿阔叶树	2 485	173.1	2 095	164.3	15.69	1 965	225.1	6.21	1 690	303.8	13.99	1 495	394.2	11.54
	落叶阔叶树	1 900	304.2	1 210	255.2	36.32	1 040	337.0	14.05	960	402.3	7.69	900	465.0	6.25
	马尾松（Pinus massoniana）	50	124.0	25	88.0	50.00	15	63.3	40.00	0	—	100.00	0	—	—
	杉木（Cunninghamia lanceolata）	3 000	169.2	2 955	167.9	1.50	1 945	207.7	34.18	1 640	252.0	15.68	1 305	306.5	20.43
CK	常绿阔叶树	3 135	206.9	3 135	206.9	0	2 910	251.7	7.18	2 370	329.1	18.56	2 045	399.6	13.71
	落叶阔叶树	1 415	333.4	1 415	333.4	0	1 270	369.0	10.25	1 085	434.6	14.57	880	480.4	18.89
	马尾松（Pinus massoniana）	65	161.5	65	161.5	0	35	210.9	46.15	25	231.0	28.57	10	189.5	60.00
	杉木（Cunninghamia lanceolata）	1 685	169.3	1 685	169.3	0	1 425	191.8	15.43	1 095	233.3	23.16	710	295.5	35.16

注：N、H 和 LR 分别表示株数密度（株/hm²）、平均高（cm）和损失率（%）；2017-A 和 2017-B 为本底灌木层数据。

　　同样将伐后新增天然更新乔木区分为杉木、马尾松和其他阔叶乔木，将伐后新增天然更新灌木区分为山苍子和其他灌木，统计各部分的株数密度和平均高见表 7-3。可以看出，3 种处理下新增天然乔木幼树中，杉木都占一定比例，但其平均高均低于其他阔叶乔木，且随着林分年龄的增大，这种差距越来越大，在株数密度上，从 2019 年起杉木的株数密度出现较大幅度下降，说明杉木在与其他阔叶乔木幼树的竞争中处于劣势，随着树高差距的加大，未来林分乔木层内杉木的比例会逐渐减少。对于新增天然更新灌木树种来说，山苍子株数占比极高，且与其他灌木树种的平均高差距也越来越大，说明在新增天然更新灌木中，山苍子处于绝对优势地位。

　　结合表 7-2 可以看出，伐后 1~2 年间，3 种处理下林分乔木层内新增天然更新阔叶乔木幼树的株数密度大约为伐前灌木层中阔叶乔木幼树的 0.6~3 倍，新增天然更新灌木的株数密度约为伐前灌木层中所有天然更新阔叶乔木幼树的 1.8~2.8 倍。尽管新增天然更新林木的数量极大，但各年新增林木各部分的平均高均小于保留自本底灌木层的常绿阔叶乔木，即使是山苍子和杉木等生长较快的喜光性树种也不能占据林冠上层，这进一步说明随着演替的进行，以山苍子为主的新增天然更新灌木会最先退出群落，其次是杉木等强喜光乔木，而新增天然更新阔叶乔木特别是其中的常绿乔木则能在林分内生存较长时间，但仍不能占据优势地位。

　　综合以上分析可知，与天然阔叶林皆伐后形成的人促阔叶林以伐前林下幼树为主相同，本研究中 3 种处理下转型的天然阔叶林未来也将以保留自本底灌木层的林木作为乔木层主体，且其中的常绿阔叶乔木幼树可以保证林分演替为地带性常

表 7-3　各处理下林分乔木层内新增天然更新乔木和灌木的株数密度和平均高

Tab. 7-3　The density and mean height of new natural trees and shrubs in the arbor layer under each treatment

处理	类别	树种	2018 N	2018 H	2019 N	2019 H	2020 N	2020 H
T1	乔木树种	其他阔叶乔木	12 205	110.8	13 130	200.7	9 890	279.0
T1	乔木树种	杉木（Cunninghamia lanceolata）	4 825	108.7	4 405	160.6	2 575	216.7
T1	乔木树种	马尾松（Pinus massoniana）	15	50.0	10	124.0	10	182.0
T1	灌木树种	其他灌木	2 510	90.7	3 440	151.9	2 335	210.5
T1	灌木树种	山苍子（Litsea cubeba）	21 150	89.6	22 885	182.7	20 635	291.4
T2	乔木树种	其他阔叶乔木	2 825	93.3	3 955	177.7	3 070	254.4
T2	乔木树种	杉木（Cunninghamia lanceolata）	3 665	111.5	3 965	160.8	2 485	217.5
T2	乔木树种	马尾松（Pinus massoniana）	0	—	0	—	0	—
T2	灌木树种	其他灌木	1 320	81.3	1 355	137.9	860	196.7
T2	灌木树种	山苍子（Litsea cubeba）	6 445	76.1	8 355	163.9	7 860	245.3

（续）

处理		类别	2018		2019		2020	
			N	H	N	H	N	H
T3	乔木树种	其他阔叶乔木	8 910	120.9	11 515	211.4	8 845	293.4
		杉木（Cunninghamia lanceolata）	3 585	112.3	4 660	168.8	2 935	230.2
		马尾松（Pinus massoniana）	0	—	5	110.0	5	179.0
	灌木树种	其他灌木	2 510	92.7	3 565	146.7	2 120	205.9
		山苍子（Litsea cubeba）	15 620	80.1	17 915	169.3	12 865	289.3
CK	乔木树种	其他阔叶乔木	460	92.2	335	158.7	205	246.0
		杉木（Cunninghamia lanceolata）	20	70.1	175	134.5	105	196.0
		马尾松（Pinus massoniana）	0	—	0	—	0	—
	灌木树种	其他灌木	550	99.1	350	167.3	170	250.7
		山苍子（Litsea cubeba）	15	51.3	115	123.5	155	184.1

绿阔叶林。结合伐前林分灌木层内阔叶乔木幼树的株数密度（即表 7-2 中常绿阔叶树和落叶阔叶树的株数密度之和，T1、T2、T3 和 CK 处理下分别为 4260 株/hm²、4465 株/hm²、4385 株/hm² 和 4550 株/hm²）可知，转型前人工林灌木层中乡土阔叶树种天然更新乔木幼树株数密度在 4 500 株/hm² 以上且分布均匀时可以确保转型成功。

7.3　讨　论

本研究中由巨桉人工林转型的 13 年生青冈栎天然林单位面积蓄积量约为同龄一般人促阔叶林的一半，造成这种现象的原因可能有以下几点：

①该天然阔叶林优势树种为青冈栎，青冈栎木材密度大、生长缓慢，特别是前期生长更慢，决定了该天然阔叶林单位面积蓄积量不高。

②从巨桉人工林幼林抚育结束到遭受第一次严重低温冻害的 6 年内，林下天然阔叶树始终处在上层巨桉林冠的遮蔽下，不仅不能接受到充足的光照，生长空间还被人工巨桉林木严重挤压，天然阔叶树的生长受到影响，而林下光热条件较差使得生长较快的落叶阔叶树无法侵入，导致该天然阔叶林蓄积量不高。

③后期巨桉枯立木仍然占据部分生长空间，在一定程度上影响该天然阔叶林的生长。

本研究中人工林转型天然阔叶林的基本条件是基于马尾松人工林样地的分析而提出的，对于桉树人工林来说，虽然没有关于冻害之前林下天然更新状况的调查数据，但是从冻害后的清理方式以及 2019 年调查时林分内桉树枯立木的株数密度和平均高来看，冻害后桉树人工林林冠层状况与 T2 处理类似，可以推测，冻害前桉树人工林灌木层内的乡土阔叶树种天然更新状况也应与 T2 处理接近。从培育中亚热带人促阔叶林的基本条件出发，本研究仅验证转型前人工林下天然更新乔木幼树密度在 4 500 株/hm² 左右且分布均匀能否作为中亚热带人工林转型天然阔叶林的基本条件，未考虑不同更新密度下的转型实验且没有设置不同立地质量等级的样地，本研究提出的基本条件可能并非真正的下限值，在今后的研究中，可设置不同更新密度等级、不同立地质量等级的样地进一步探讨。

7.4　小　结

本章通过将不同人工林转型的天然阔叶林与相近年龄的人促阔叶林进行比较分析，揭示转型的天然阔叶林的本质特征，以天然阔叶林人工促进天然更新技术为参照，结合伐前林分灌木层林木及伐后新增天然更新林木的动态变化，提出中亚热带人工林转型天然阔叶林的基本条件。结果如下：

①由邓恩桉人工林、巨桉人工林和马尾松人工林转型的 7 年生丝栗栲天然林、13 年生青冈栎天然林和 2 年生天然阔叶林均与相同或相近年龄的人促阔叶林无本质区别，是典型的幼林阶段中亚热带天然阔叶林。

②伐前人工林下天然更新阔叶乔木幼树株数密度在 4 500 株/hm² 以上且分布均匀可以作为中亚热带人工林转型天然阔叶林的基本条件。

第8章 人工林转型天然阔叶林技术

以上章节以培育中亚热带人促阔叶林的基本条件(伐前天然林林下乔木幼树密度在 3 000 株/hm² 以上且分布均匀)和人促阔叶幼林特征为参照,在福建省永安市岭头村选择林下具有良好阔叶树种天然更新的 24 年生马尾松人工林(林下天然更新阔叶乔木幼树密度在 4 500 株/hm² 左右且分布均匀)为对象,分别采取不同采伐措施(伐除乔木层林木处理 T1、伐除乔木层马尾松和杉木处理 T2、保留有限人工林木处理 T3、对照处理 CK),通过分析不同的采伐措施后林分特征的动态变化,确定马尾松人工林能否成功转型为天然阔叶林及成功转型的时间节点,分析不同采伐措施对人工林转型天然阔叶林的差异,结合由邓恩桉和巨桉人工林转型的天然阔叶林特征,探讨伐前人工林下天然更新阔叶乔木幼树密度在 4 500 株/hm² 左右且分布均匀能否作为中亚热带人工林转型天然阔叶林的基本条件。主要研究结果归纳如下:

①24 年生马尾松人工林具有较高的株数密度、平均胸径、平均高和单位面积蓄积量;林分乔木层、灌木层和草本层均具有较高的生物多样性;乔木层仍以马尾松为主体,天然更新的阔叶树以拟赤杨、檫木、赛山梅和木荷为主;灌木层以天然更新乔木幼树为主,在这些乔木幼树中杉木的株数密度和重要值均最高;草本层内草本植物较少,大多为乔木或灌木幼苗。将

乔木层划分亚层后，两个亚层的株数密度相差不大，但第 I 亚层的单位面积蓄积量远高于第 II 亚层；林分各林层的直径分布差异显著，全林和第 II 亚层的直径分布均呈反"J"形或波纹状反"J"形且都不服从正态分布，第 I 亚层倾向于正态分布的山状曲线或多峰分布，从第 II 亚层过渡到第 I 亚层时，直径分布表现出由负指数分布向正态分布过渡的趋势；Weibull 分布函数和 Meyer 负指数函均取得较好的拟合效果，其中 Weibull 分布函数对全林和第 I 亚层的拟合效果较好，Meyer 负指数函数适用于拟合第 II 亚层直径分布。

②3 种采伐措施下，在伐后 1 年时，乔木层和灌木层的株数密度均急剧增加。不同采伐措施下，伐后 3 年间，林分乔木层和灌木层的株数密度、平均高和多样性指标的动态变化有所不同，但 T1 和 T3 处理下的动态变化规律表现更加一致。不同采伐措施下林分乔、灌木层内各生长型的丰富度、相对多度和重要值的年变化规律也有不同。整体来看，3 种处理下，林分密度在伐后 2 年时达最大值，林分处于充分郁闭状态，除株数密度外的其他指标也在此时达到最大值或开始出现趋势、变化量或变化速率上的改变，可以认为在伐后 2 年时，马尾松人工林已经成功转型为天然阔叶林。

③3 种采伐措施下，马尾松人工林在伐后 2 年时均成功转型为天然阔叶林。转型的 2 年生天然阔叶林均以实生林木为主，且林分内均有一定比例的珍贵或高价值树种。林分乔木层和灌木层均具有极高的郁闭度、株数密度和物种丰富度。乔木层和灌木层均以乡土阔叶树种为主，但由于处在演替的初期，乔木层内喜光落叶阔叶树占优势，其中山苍子的相对多度和重要值均最大，灌木层以常绿乔木居多，其中杉木占比最大。3

种采伐措施下马尾松人工林转型的 2 年生天然阔叶林特征与相近年龄的人促阔叶林无本质区别，在进行封育保护后，其发展方向将与人促阔叶林相同，最终演替为地带性植被类型的常绿阔叶林。

④邓恩桉人工林和巨桉人工林成功转型的 7 年生丝栗栲天然林和 13 年生青冈栎天然林均以实生林木为主，林分异龄林特征明显，具有高郁闭度、较高的株数密度、一定的单位面积蓄积量及较大的林木高径比。林分乔木层和灌木层均具有较为丰富的物种多样性，乔木层以乡土常绿阔叶乔木树种为主，优势种分别为丝栗栲和青冈栎，灌木层以乡土常绿阔叶树为主，优势树种分别为细枝柃和茶，林分内均有不少珍贵或高价值树种。转型的天然林特征与相近年龄的人促阔叶林无本质区别，是典型的幼林阶段中亚热带天然阔叶林。

⑤伐后 3 年间，不同采伐措施下林分乔木层整体及层内乔木树种和灌木树种的株数密度、平均高和丰富度均存在显著差异，且各指标在不同年度的表现相同；林分灌木层整体及层内乔木树种和灌木树种的株数密度和丰富度也均存在显著差异，且在不同年度的表现相同，但平均高仅在 2020 年表现显著差异；林分各年度新增林木总体、新增乔木和新增灌木的株数密度、平均高和丰富度几乎均存在显著差异，且各指标在不同年度的表现相同。与 CK 相比，3 种采伐措施下林分乔木层和灌木层的株数密度和丰富度均会显著增加。3 种采伐措施中，T1 和 T3 措施在各项指标上几乎没有差异，二者效果相当；随时间的推移，T1 和 T2、T2 和 T3 也趋向于无差异。

⑥伐前人工林下天然更新阔叶乔木幼树株数密度在 4 500 株/hm² 以上且分布均匀可以作为中亚热带人工林转型天然阔

叶林的基本条件。

在此基础上提出中亚热带人工林转型天然阔叶林技术指南，由于中亚热带天然阔叶幼林的特殊性，同时提出中亚热带天然阔叶幼林认定指南。

8.1　中亚热带人工林转型天然阔叶林技术指南

8.1.1　转型前人工林天然更新状况的调查与评价

中亚热带人工林要成功转型天然阔叶林，关键是转型前人工林中具备良好的乡土阔叶树种天然更新，因此，首先需要对拟转型的人工林进行天然更新状况调查与评价。

转型前人工林天然更新状况调查与评价的目的是，得到转型前人工林中乡土阔叶树种的天然更新状况，主要包括天然更新乔木、乔木幼树和乔木幼苗的株数密度、树种组成、实生与萌生比例以及空间分布状况等。

转型前人工林中乡土阔叶树种天然更新状况的样地调查内容主要包括：

①样地内乔木层的天然更新林木的每木调查，包括树种名称、胸径、树高、枝下高、冠幅、起源（实生与萌生）、林木质量、林木空间位置等。

②样地内灌木层的天然更新幼树的每木调查，包括树种名称、胸径或地径、树高、起源（实生与萌生）、林木质量、林木空间位置等。

③样地内草本层的天然更新幼苗的调查，包括树种名称、树种数量、幼苗林木质量等。

8.1.2 人工林成功转型天然阔叶林的基本条件

中亚热带人工林成功转型天然阔叶林的基本条件是转型前人工林中乡土阔叶树种天然更新状况良好，需同时满足以下 4 个指标要求：

①转型前人工林中乡土阔叶树种天然更新乔木幼树密度在 4 500 株/hm² 以上且分布相对均匀。

②转型前人工林中乡土阔叶树种天然更新乔木幼树的萌生比例在 30%以下。

③转型前人工林中乡土常绿阔叶树种天然更新乔木幼树的比例在 70%以上。

④转型前人工林中乡土阔叶树种天然更新乔木幼树树种丰富度在 15 种以上(以样地面积 1 200 m² 计算) ，且有一定比例的珍贵树种或高价值用材树种。

在野外调查时，可直观判断中亚热带人工林是否初步具备成功转型天然阔叶林的基本条件。在一些情况下，可将人工林是否已逐渐转变为半天然林作为标志，也就是说，如果人工林已转变为半天然林，那么人工林下应该具有相当多的乡土阔叶树种天然更新乔木幼树，加上已进入乔木层的乡土阔叶树种天然更新乔木，具备成功转型天然阔叶林的基本条件的可能性较大，应将这些已逐渐转变为半天然林的人工林作为转型天然阔叶林的重点对象。

8.1.3 人工林转型过程中人工林乔木层林木的清除方式

中亚热带人工林转型天然阔叶林，有以下 3 种人工林乔木层林木清除方式。

①以采伐或环剥方式一次性清除所有人工林木。采伐人工林木时要符合《森林采伐作业规程》（LY/T 1646—2005）的要求，要特别注意保护珍贵树种天然更新乔木；采伐、造材和运出原木后，需要将采伐剩余物清理出林地，同时在采伐、造材、运出原木和清理采伐剩余物过程中，尽可能保护乡土阔叶树种天然更新乔木幼树免受损伤，尽可能不破坏地被物覆盖。

②以采伐或环剥方式一次性清除所有乔木层林木。所有乔木层林木包括所有人工林木和所有天然更新乔木。采伐人工林木和天然更新乔木时要符合《森林采伐作业规程》（LY/T 1646—2005）的要求，要特别注意保护珍贵树种天然更新乔木；采伐、造材和运出原木后，需要将采伐剩余物清理出林地；同时在采伐、造材、运出原木和清理采伐剩余物过程中，尽可能保护乡土阔叶树种天然更新乔木幼树免受损伤，尽可能不破坏地被物覆盖。

③保留生长优良的人工林木约 100 株/hm² 用于培育高价值大径材。优先标记保留的人工林木，对其进行优先保护以免受损伤。可以采伐或环剥方式一次性清除所有其他人工林木或所有其他乔木层林木（包括其他人工林木和所有天然更新乔木）。采伐人工林木和天然更新乔木时要符合《森林采伐作业规程》（LY/T 1646—2005）的要求，要特别注意保护珍贵树种天然更新乔木；采伐、造材和运出原木后，需要将采伐剩余物清理出林地；同时在采伐、造材、运出原木和清理采伐剩余物过程中，尽可能保护乡土阔叶树种天然更新乔木幼树免受损伤，尽可能不破坏地被物覆盖。

8.1.4　人工林转型作业实施后的保育措施

在实施人工林转型天然阔叶林相关作业后，需采取以下保育措施：

①严禁火烧。

②实行封山育林，严禁放牧、砍柴、割清等人为活动。

③适时适地补植。对实施转型作业和封山育林 2 年后还未完全郁闭成林的局部地块(如集材道等)，按常规造林方式进行小块状或带状乡土树种造林和幼林抚育。

④转型后的天然阔叶林原则上不进行除第三条以外的其他人为抚育措施，通过高郁闭度、高密度、多树种混交的天然林木的自然竞争、自然稀疏和自然选择，可以完成向地带性植被类型的天然阔叶林的演替与发展。

8.1.5　人工林成功转型后的天然阔叶幼林描述

对具备良好乡土阔叶树种天然更新的中亚热带人工林，在实施转型作业后的 1~2 年间，基本可以成功转型为中亚热带天然阔叶幼林。其重要特征是高郁闭度(充分郁闭林分)、高密度、多树种混交。与常规方法不同，对属于乔木林地和充分郁闭林分的中亚热带天然阔叶幼林，可用受光层中所有林木(包括乔木幼树与灌木幼树)的生长特征来描述"幼林阶段乔木层"的树种组成与生长状况，可用非受光层中所有树高大于或等于 33.0 cm 的林木(包括乔木幼树与灌木幼树)生长特征来描述"幼林阶段灌木层"树种组成与生长状况。在此基础上，还要特别描述"幼林阶段乔木层"和"幼林阶段灌木层"中的阔叶乔木幼树(包括常绿和落叶阔叶乔木幼树)的树种组成与生长状况。对草本层树种组成与生长状况的描述同常规方法，草本层包括树高小于33.0 cm的林木幼苗(包括乔木与灌木幼苗)和草本植物等。

当中亚热带天然阔叶幼林中所有受光层林木的胸径都不小于5.0 cm后，幼林阶段乔木层等同于常规的乔木层，幼林阶段灌木层也等同于常规的灌木层。

8.2　中亚热带天然阔叶幼林认定指南

8.2.1　中亚热带天然阔叶林的最大受光面林层划分方法

最大受光面林层划分方法是针对典型中亚热带天然阔叶林为充分郁闭林分的特点提出的林层划分方法。首先，依据典型林分的林木树冠(林隙内的林木树冠除外)是否能接受到垂直光照，将林分内所有林木树冠划分为受光层(由能或多或少接受到垂直光照的所有林木树冠所组成的层次)和非受光层(由不能接受到垂直光照的所有林木树冠所组成的层次，即第Ⅲ亚层)；其次，在受光层中再依据林木树冠接受到垂直光照的程度(即林木树冠是否明显突出)划分为林木树冠明显突出的受光层(第Ⅰ亚层)和不明显突出的受光层(第Ⅱ亚层)。由于受光层与非受光层之间的交界面正好就是其上方所有能接受到垂直光照的林木树冠的垂直投影面积(受光面积)最大的水平截面(简称最大受光面)，这种方法称为最大受光面林层划分方法(简称最大受光面法)，其示意图如图8-1所示。

在野外应用时，首先，判断林木树冠(林隙内的林木树冠除外)是否能接受到垂直光照，将林分内所有林木划分为受光层林木和非受光层林木(第Ⅲ亚层),由所有受光层林木组成的层次称为受光层,由所有非受光层林木组成的层次称为非受光层;其次,在受光层中依据其林木树冠是否明显突出(即接受到垂直光照的程度)再划分为林木树冠明显突出的受光层(第Ⅰ亚层)和林木树冠不明显突出的受光层(第Ⅱ亚层)。

最大受光面法不仅可应用到充分郁闭的中亚热带天然阔叶近成过熟林,也可应用到充分郁闭的中亚热带天然阔叶中幼林。对于充分郁闭的中亚热带天然阔叶中幼林,由于受光层林木一般还未分异出明显突出的亚层,因此一般只划分为受光层(第Ⅰ亚层)和非受光层(第Ⅱ亚层)两个层次。

充分郁闭的中亚热带天然阔叶幼林的初始阶段最为特殊,虽然已明显分异出受光层和非受光层,但由于这个阶段的林木个体很小、数量众多,受光层中除了有众多的乔木幼树外,还有众多的灌木幼树,受光层中绝大多数林木个体都未达到起测

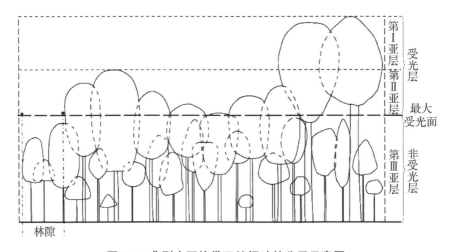

图 8-1　典型中亚热带天然阔叶林分层示意图

Fig. 8-1 Layers sketch of typical natural broad-leaved forest in mid-subtropical zone

胸径(5.0 cm)，目前的乔木林地认定标准中都未涉及该阶段幼林的认定指标与标准。

8.2.2　中亚热带天然阔叶幼林的认定指标与标准

在中亚热带天然阔叶林或人工林的采伐迹地、火烧迹地或其他迹地(如遭受严重自然灾害后乔木层林木完全枯死的迹地等)上，依靠乡土阔叶树种的天然更新，通过封山育林，由封育未成林地转变成乔木林地过程中，若能同时满足以下 3 个指标要求，即可认定为中亚热带天然阔叶幼林，对应的时间即为天然阔叶幼林的起始时间。

①受光层林木树冠郁闭度标准。受光层的林木(包括乔木幼树和灌木幼树)树冠完全郁闭。

②受光层阔叶乔木幼树株数密度标准。受光层有分布相对均匀的阔叶乔木幼树，且密度在 9 000 株/hm² 以上。

③受光层常绿阔叶乔木幼树株数密度标准。受光层有分布相对均匀的常绿阔叶乔木幼树，且密度在 4500 株/hm² 以上。

8.2.3　中亚热带天然阔叶幼林的描述方法

属于乔木林地的中亚热带天然阔叶幼林，可依据受光层中所有林木(包括乔木幼树与灌木幼树)的生长状况来描述幼林阶段乔木层的树种组成与生长状况，依据非受光层中所有树高大于或等于 33.0 cm 林木(包括乔木幼树与灌木幼树)的生长状况来描述幼林阶段灌木层的树种组成与生长状况。在此基础上，还要特别描述幼林阶段乔木层和幼林阶段灌木层中阔叶乔木幼树(包括常绿和落叶阔叶乔木幼树)的树种组成与生长状况。草本层树种组成与生长状况的描述同常规方法，草本层包括树高小于 33.0 cm 的林木幼苗(包括乔木与灌木的幼苗)和草本植物等。

当中亚热带天然阔叶幼林中所有受光层林木的胸径都不小于 5.0 cm 后,幼林阶段乔木层等同于常规的乔木层,幼林阶段灌木层也等同于常规的灌木层。

幼林阶段乔木层和幼林阶段灌木层是自中亚热带天然阔叶幼林形成(认定)起至所有受光层林木胸径都不小于 5.0 cm 这个特殊生长发育阶段所具有的概念,目前相关标准、规程、规范和指南都未涉及该阶段幼林的描述。

参考文献

蔡道雄，卢立华，贾宏炎，等，2007. 封山育林对杉木人工林林下植被物种多样性恢复的影响[J]. 林业科学研究，20(3)：319-327.

曹光球，林思祖，曹子林，等，2002. 半天然杉阔混交林杉木及其伴生树种种群空间格局[J]. 浙江林学院学报，19(1)：148-152.

陈昌雄，陈平留，刘健，等，1996. 闽北天然次生林林木直径分布规律的研究[J]. 福建林学院学报，16(2)：122-125.

陈存及，陈新芳，董建文，等，2002. 半天然杉阔混交林优势种群的增长规律[J]. 热带亚热带植物学报，10(3)：253-257.

陈存及，董建文，林敬德，等，1996. 半天然杉阔混交林分形成、发育与结构特征[J]. 福建林学院学报，16(4)：310-314.

陈方敏，徐明策，李俊祥，2010. 中国东部地区常绿阔叶林景观破碎化[J]. 生态学杂志，29(10)：1919-1924.

陈绍栓，陈淑容，马祥庆，2001. 次生阔叶林不同更新方式对林分组成及土壤肥力的影响[J]. 林业科学，37(6)：113-117.

陈祥伟，胡海波，2005. 林学概论[M]. 北京：中国林业出版社.

陈幸良，巨茜，林昆仑，2014. 中国人工林发展现状、问题与对策[J]. 世界林业研究，27(6)：54-59.

陈永富，2012. 森林天然更新障碍机制研究进展[J]. 世界林业研究，25(2)：41-45.

陈永富，李肇晨，刘华，等，2017. 海南岛陆均松天然更新障碍机制研究［M］. 北京：中国林业出版社.

成向荣，徐金良，刘佳，等，2014. 间伐对杉木人工林林下植被多样性及其营养元素现存量影响［J］. 生态环境学报，23（1）：30-34.

程瑞梅，沈雅飞，封晓辉，等，2018. 森林自然更新研究进展［J］. 浙江农林大学学报，35（5）：955-967.

丁圣彦，宋永昌，2004. 常绿阔叶林植被动态研究进展［J］. 生态学报，24（8）：1769-1779.

方炜，彭少麟，1995. 鼎湖山马尾松群落演替过程物种变化之研究［J］. 热带亚热带植物学报，3（4）：30-37.

韩景军，肖文发，罗菊春，2000. 不同采伐方式对云冷杉林更新与生境的影响［J］. 林业科学，36（C1）：90-96.

何芳兰，徐先英，尉秋实，等，2016. 祁连山青海云杉人工林与天然林群落结构特征及物种多样性比较研究［J］. 西北林学院学报，31（5）：1-7.

何明月，2009. 北京密云水库集水区水源保护林近自然分析与经营模式［D］. 北京：北京林业大学.

胡明芳，袁国胜，甘代奎，2002. 人促天然更新恢复南方地带性阔叶林植被的探讨［J］. 林业勘察设计（1）：62-67.

胡双成，熊德成，黄锦学，等，2015. 福建三明米槠次生林在不同更新方式下的初期细根产量［J］. 应用生态学报，26（11）：3259-3267.

黄清麟，1998a. 亚热带天然阔叶林经营中的五大误区［J］. 世界林业研究，11（4）：31-34.

黄清麟，董乃钧，李元红，1999a. 福建中亚热带天然阔叶林的主要类型与特征［J］. 山地学报，17（4）：368-374.

黄清麟，董乃钧，李元红，1999b. 中亚热带择伐阔叶林与人促阔叶林对比评价[J]. 应用与环境生物学报，5(4)：342-347.

黄清麟，李元红，1999c. 中亚热带天然阔叶林研究综述[J]. 福建林学院学报，19(2)：94-97.

黄清麟，李元红，2000a. 闽北短伐期阔叶林研究[J]. 林业科学，36(1)：97-102.

黄清麟，李元红，2000b. 福建中亚热带天然阔叶林与人工林对比评价——Ⅲ人促阔叶林与人工林经济效益[J]. 山地学报，18(3)：244-247.

黄清麟，李元红，黄界水，等，1992. 人促米槠、闽粤栲速生丰产林调查研究报告[J]. 福建林学院学报，12(1)：116-120.

黄清麟，郑群瑞，阮学瑞，1995. 福建青冈萌芽林分结构及生产力的研究[J]. 福建林学院学报(2)：107-111.

黄清麟，1998b 中亚热带天然阔叶林可持续经营技术研究[D]. 北京：北京林业大学.

黄世能，郑海水，翁启杰，1994. 林龄、采伐方式对大叶相思萌芽更新的影响[J]. 林业科学研究，7(5)：537-541.

贾忠彪，李永庆，赵玉春，2014. 更新造林与封山育林效果分析[J]. 吉林林业科技，43(5)：57-58，62.

雷霄，杨庆松，刘何铭，等，2015. 浙江天童常绿阔叶林不同传播方式物种种子雨的基本特征[J]. 华东师范大学学报(自然科学版)(2)：122-132.

李嘉悦，2019. 兴安落叶松天然过伐林抚育改造效果评价[D]. 呼和浩特：内蒙古农业大学.

李丽红，2012. 人促天然更新米槠次生林与杉木人工林乔木层碳贮量分配特征比较[J]. 亚热带资源与环境学报，7(2)：63-69.

李小双，彭明春，党承林，2007. 植物自然更新研究进展[J].

生态学杂志，26（12）：2081-2088.

李元红，1984. 阔叶林皆伐与天然更新[J]. 林业科技通讯（8）：16-19.

李元红，1985. 闽北阔叶林的天然更新技术[J]. 福建林学院学报，5（1）：21-26.

李元红，黄清麟，1992. 人促更新培育阔叶树纸浆速生丰产林的研究[J]. 福建林学院学报，12（4）：430-436.

林敬德，1996. 天然阔叶林的更新试验[J]. 林业勘察设计（1）：31-35.

林长青，杨亨永，1996. 常绿阔叶林迹地两种更新方式形成的群落生产力研究[J]. 福建林业科技，23（3）：21-24.

刘进山，2009. 不同起源柳杉群落结构特征对比研究[D]. 福州：福建农林大学.

刘世荣，杨予静，王晖，2018. 中国人工林经营发展战略与对策：从追求木材产量的单一目标经营转向提升生态系统服务质量和效益的多目标经营[J]. 生态学报，38（1）：1-10.

刘铁岩，毕君，王超，等，2017. 冀北山地油松人工林天然更新研究[J]. 中南林业科技大学学报，37（7）：55-58，65.

刘宪钊，马帅，陆元昌，2015. 森林自然度评价研究[J]. 西南林业大学学报，35（4）：99-105.

罗梅，郑小贤，2016. 金沟岭林场落叶松人工林天然更新动态研究[J]. 中南林业科技大学学报，36（9）：7-11.

孟庆繁，2006. 人工林在生物多样性保护中的作用[J]. 世界林业研究，19（5）：1-6.

孟晓光，孙长福，孟庆彬，2007. 谈天然更新的作用[J]. 林业勘查设计（2）：17-18.

农友，卢立华，孙冬婧，等，2017. 岩溶石山降香黄檀人工林的天然更新[J]. 中南林业科技大学学报, 37(3): 63-68.

彭舜磊, 2008. 秦岭火地塘林区森林群落近自然度评价及群落生境图绘制方法研究[D]. 咸阳: 西北农林科技大学.

平亮, 熊高明, 谢宗强, 2009. 三峡库区桉树人工林封育后的群落特征和演替趋势[J]. 自然资源学报, 24(9): 1604-1615.

邱仁辉, 杨玉盛, 彭加才, 等, 2001. 杉木人工林与米储次生促进林生产力和土壤肥力比较[J]. 山地学报, 19(1): 33-37.

沈国舫, 2001. 森林培育学[M]. 北京: 中国林业出版社.

沈照仁, 2003. 关于原始天然林、半天然林和人工林的划分[J]. 世界林业动态(20): 3-5.

盛炜彤, 2013. 人工林与人工林区的植被控制(一)[J]. 林业实用技术, 137(5): 3-5.

盛炜彤, 2014. 中国人工林及其育林体系[M]. 北京: 中国林业出版社.

盛炜彤, 2019. 人工林的育林方向和育林体系[J]. 温带林业研究, 2(4): 1-5.

施华力, 2011. 半天然杉木马尾松混交林蓄积量特征[J]. 安徽农学通报, 17(14): 206-209.

宋永昌, 陈小勇, 王希华, 2005. 中国常绿阔叶林研究的回顾与展望[J]. 华东师范大学学报(自然科学版)(1): 1-8.

苏玉梅, 2009. 永安市人工促进天然阔叶林更新效果分析[J]. 林业勘察设计(2): 95-99.

唐继新, 贾宏炎, 曾冀, 等, 2020. 采伐方式对米老排人工林天然更新的影响[J]. 北京林业大学学报, 42(8): 12-21.

王伯荪, 余世孝, 彭少麟, 等. 植物群落学实验手册[M]. 广州: 广东高等教育出版社, 1996.

王国森, 2014. 人工促进天然更新的技术措施[J]. 安徽农学通报，20(16)：99-101.

王豁然，2000. 关于发展人工林与建立人工林业问题探讨[J].
林业科学，36(3)：111-117.

王健敏，刘娟，陈晓鸣，等，2010. 云南松天然林及人工林群落
结构和物种多样性比较[J]. 林业科学研究，23(4)：515-522.

王杰，陆景星，王相震，等，2021. 华北落叶松人工林间伐后9~
10年林下天然更新研究[J]. 北京林业大学学报，43(12)：17-28.

王丽丽，郭晶华，1994. 江西大岗山植被类型及其自然度与经营
集约度的划分和评价[J]. 林业科学研究，7(3)：286-293.

王希华，宋永昌，王良衍，2001. 马尾松林恢复为常绿阔叶林的
研究[J]. 生态学杂志，20(1)：30-32.

王希华，闫恩荣，严晓，等，2005. 中国东部常绿阔叶林退化群
落分析及恢复重建研究的一些问题[J]. 生态学报，25(7)：1796-
1803.

王绪高，2006. 大兴安岭北坡森林景观火后恢复及演替模式研究
[D]. 沈阳：中国科学院沈阳应用生态研究所.

文昌宇，黄俊泽，2006. 浅议广东森林自然度划分标准[J]. 中
南林业调查规划(3)：8-10.

吴鹊兴，黄祖清，吴霖，等，1991. 人工促进马尾松天然更新技
术的研究[J]. 福建林学院学报，11(A1)：6-11.

吴银莲，李景中，杨玉萍，等，2010. 森林自然度评价研究进展
[J]. 生态学杂志，29(10)：2065-2071.

吴擢溪，2006. 人促常绿阔叶次生林凋落物数量、组成及动态
[J]. 山地学报，24(2)：215-221.

谢裕红，2014. 马尾松阔叶树混交林不同更新方式对林分生长的
影响[J]. 防护林科技(6)：1-3.

徐化成，1991. 人工林和天然林的比较评价[J]. 世界林业研究，

4(3)：50-56.

徐茂坤，贾云飞，王宪忠，等，2006. 小兴安岭林区人工促进天然更新策略的探讨[J]. 东北林业大学学报，34(4)：87-89.

徐雪蕾，2020. 间伐对杉木人工林的生长调控作用研究[D]. 北京：北京林业大学.

杨梅，林思祖，曹光球，等，2008. 不同生境杉木马尾松半天然混交林物种多样性分析[J]. 安徽农业科学，36(33)：14521-14523.

杨梅，林思祖，曹子林，2004. 杉木、马尾松半天然混交林群落结构特征分析[J]. 宁夏农学院学报，25(4)：12-14，21.

杨蓉，2011. 浅谈阔叶次生林的人工促进天然更新[J]. 林业调查规划，36(3)：77-80.

姚延梼，2016. 林学概论[M]. 2 版. 北京：中国农业科学技术出版社.

张会儒，李春明，武纪成，2009. 金沟岭天然和半天然混交林林分空间结构比较[J]. 科技导报，27(19)：79-84.

张小鹏，王得祥，杜江涛，等，2018. 微生境对华山松人工林天然更新的影响[J]. 西北农林科技大学学报(自然科学版)，46(1)：39-45.

张晓红，黄清麟，张超，2010. 福建省永安市西洋镇 2.5a 生人促阔叶林与伐前林分的对比评价[J]. 山地学报，28(1)：63-68.

张永利，鲁绍伟，杨峰伟，2007. 华北土石山区人工林与天然林结构与功能研究[J]. 灌溉排水学报，26(6)：63-68.

赵来顺，赵永泉，姜玉春，2000. 森林采伐方式对伐后迹地光照条件及更新质量的影响[J]. 森林工程，16(3)：1-2，8.

郑双全，2017. 闽粤栲人工促进天然更新林分的生长规律[J]. 福建林业科技，44(1)：16-20.

周光，徐玮泽，万静，等，2021. 长白山阔叶红松林不同演替阶段林下红松幼苗能量与养分季节动态[J]. 应用生态学报, 32(5): 1663-1672.

周霆, 2008. 中国人工林可持续经营[D]. 北京: 中国林业科学研究院.

周霆, 盛炜彤, 2008. 关于我国人工林可持续问题[J]. 世界林业研究, 21(3): 49-53.

朱教君, 张金鑫. 关于人工林可持续经营的思考[J]. 科学, 68(4): 37-40.

庄崇洋, 黄清麟, 马志波, 等, 2017. 典型中亚热带天然阔叶林各林层直径分布及其变化规律[J]. 林业科学, 53(4): 18-27.

庄树宏, 王克明, 陈礼学, 1999. 昆嵛山老杨坟阳坡与阴坡半天然植被植物群落生态学特性的初步研究[J]. 植物生态学报, 23(3): 3-5.

ABELLA S R, CHIQUOINE L P, WEIGAND J F, 2019. Developing methods of assisted natural regeneration for restoring foundational desert plants [J]. Arid Land Research & Management, 34(2): 231-237.

Ammer C, Mosandl R, 2007. Which grow better under the canopy of Norway spruce—planted or sown seedlings of European beech? [J]. Forestry, 80: 385-395.

AMMER C, MOSANDL R, EL KATEB H, 2002. Direct seeding of beech (*Fagus sylvatica* L.) in Norway spruce [*Picea abies* (L.)] Karst.] stands—effects of canopy density and fine root biomass on seed germination [J]. Forest Ecology and Management, 159(1-2): 59-72.

ARCHER J K, MILLER D L, TANNER G W, 2007. Changes in understory vegetation and soil characteristics following silvicultural activities in a southeastern mixed pine forest [J]. Journal of the Torrey Botanical Society, 134(4): 489-504.

ARES A, NEILL A R, PUETTMANN K J, 2010. Understory abundance, species diversity and functional attribute response to thinning in coniferous stands [J]. Forest Ecology and Management, 260(7): 1104-1113.

ARÉVALO J R, FERNÁNDEZ-PALACIOS J M, 2005. From pine plantations to natural stands. Ecological restoration of a *Pinus canariensis* Sweet, ex Spreng forest [J]. Plant Ecology, 181(2): 217-226.

AUGUSTO L, RANGER J, BINKLEY D, et al., 2002. Impact of several common tree species of European temperate forests on soil fertility [J]. Annals of Forest Science, 59(3): 233-253.

BELEM B, KAGUEMBEGA-MUELLER F, BELLEFONTAINE R, et al., 2017. Assisted natural regeneration with fencing in the Central and Northern zones of Burkina Faso [J]. Tropicultura, 35(2): 73-86.

BOUCHER Y, ARSENEAULT D, SIROIS L, 2009. Logging history (1820 - 2000) of a heavily exploited southern boreal forest landscape: insights from sunken logs and forestry maps [J]. Forest Ecology and Management, 258(7): 1359-1368.

BREMER L L, FARLEY K A, 2010. Does plantation forestry restore biodiversity or create green deserts? A synthesis of the effects of land - use transitions on plant species richness [J]. Biodiversity and Conservation, 19(14): 3893-3915.

BROCKERHOFF E G, JACTEL H, PARROTTA J A, et al., 2008. Plantation forests and biodiversity: oxymoron or opportunity? [J] Biodiversity and Conservation, 17(5): 925-951.

BROWN N D, CURTIS T, ADAMS E C, 2015. Effects of clear-felling versus gradual removal of conifer trees on the survival of understorey plants during the restoration of ancient woodlands [J]. Forest Ecology and Management, 348: 15-22.

BUCHWALD E, 2005. A hierarchical terminology for more or less natural forests in relation to sustainable management and biodiversity conservation [M] // Proceedings: Third Expert Meeting on Harmonizing Forest-related Definitions, Rome.

CHAZDON R L, GUARIGUATA M R, 2016. Natural regeneration as a tool for large-scale forest restoration in the tropics: prospects and challenges [J]. Biotropica, 48(6): 716-730.

CHENG C P, WANG Y D, FU X L, et al., 2017. Thinning effect on understory community and photosynthetic characteristics in a subtropical *Pinus massoniana* plantation [J]. Canadian Journal of Forest Research, 47(8): 1104-1115.

COOTE L, FRENCH L J, MOORE K M, et al., 2012. Can plantation forests support plant species and communities of semi-natural woodland? [J]. Forest Ecology and Management, 283: 86-95.

CROUZEILLES R, FERREIRA M S, CHAZDON R L, et al., 2017. Ecological restoration success is higher for natural regeneration than for active restoration in tropical forests [J]. Science advances, 3(11): e1701345.

CRUICKSHANK M G, MORRISON D J, LALUMIÈRE A, 2009. The interaction between competition in interior Douglas-fir plantations and disease caused by *Armillaria ostoyae* in British Columbia [J]. Forest Ecology and Management, 257(2): 443-452.

DANG P, GAO Y, LIU J L, et al., 2018. Effects of thinning intensity on understory vegetation and soil microbial communities of a mature Chinese pine plantation in the Loess Plateau [J]. Science of theTotal Environment, 630: 171-180.

DENG C, ZHANG S, LU Y, et al., 2020. Thinning effects on forest evolution in Masson pine (*Pinus massoniana* Lamb.) conversion from pure plantations into mixed forests [J]. Forest Ecology and Management, 477: 118503.

DOBROWOLSKA D, 2006. Oak natural regeneration and conversion processes in mixed Scots pine stands [J]. Forestry, 79(5): 503-513.

Domec J C, King J S, Ward E, et al., 2015. Conversion of natural forests to managed forest plantations decreases tree resistance to prolonged droughts [J]. Forest Ecology and Management, 355: 58-71.

DRUMMOND M A, LOVELAND T R, 2010. Land-use pressure and a transition to forest-cover loss in the eastern United States [J]. BioScience, 60(4): 286-298.

DUGAN C P, DURST P B, GANZ D J, et al., 2003. Advancing assisted natural regeneration (ANR) in Asia and the Pacific [M]. Bangkok: RAP Publication.

EVANS J, 1999. Planted forests of the wet and dry tropics: Their variety, nature, and significance [J]. New Forests, 17(1): 25-36.

EVANS, J, TURNBULL J, 2004. Plantation forestry in the tropics [M]. 3rd ed. Oxford: Oxford University Press.

FAO, 2000. Global forest resources assessment 2000. [R]. Rome: Food and Agriculture Organization of the United Nations.

FAO, 2002. Proceedings: second expert meeting on harmonizing forest-related definitions for use by various stakeholders [C]. Rome: Publications Division of FAO.

FAO, 2010. Global forest resources assessment 2010. [R]. Rome: Food and Agriculture Organization of the United Nations.

FAO, 2020. Global forest resources assessment 2020 main report [R]. Rome: Food and Agriculture Organization of the United Nations.

FELTON A, LINDBLADH M, BRUNET J, et al., 2010. Replacing coniferous monocultures with mixed-species production stands: an assessment of the potential benefits for forest biodiversity in northern Europe [J]. Forest Ecology and Management, 260: 939-947.

GAVINET J, VILAGROSA A, CHIRINO E, et al., 2015.

Hardwood seedling establishment below Aleppo pine depends on thinning intensity in two Mediterranean sites [J]. Annals of Forest Science, 72 (8): 999-1008.

GAVRAN M, 2013. Australian plantation statistics 2013 update [M]. Canberra: ABARES.

GHALANDARAYESHI S, NORD-LARSEN T, JOHANNSEN V K, et al., 2017. Spatial patterns of tree species in Suserup Skov—a semi-natural forest in Denmark [J]. Forest Ecology and Management, 406: 391-401.

GROTTI M, CHIANUCCI F, PULETTI N, et al., 2019. Spatio-temporal variability in structure and diversity in a semi-natural mixed oak-hornbeam floodplain forest [J]. Ecological Indicators, 104(Sep.): 576-587.

HALE S E, 2003. The effect of thinning intensity on the below-canopy light environment in a Sitka spruce plantation [J]. Forest Ecology and Management, 179(1): 341-349.

HARDWICK K, HEALEY J, ELLIOTT S, et al., 1997. Understanding and assisting natural regeneration processes in degraded seasonal evergreen forests in northern Thailand [J]. Forest Ecology and Management, 99(1-2): 203-214.

HARMER R, MORGAN G, 2009. Storm damage and the conversion of conifer plantations to native broadleaved woodland [J]. Forest Ecology and Management, 258(5): 879-886.

HAYNES K J, ALLSTADT A J, KLIMETZEK D, 2014. Forest defoliator outbreaks under climate change: effects on the frequency and severity of outbreaks of five pine insect pests [J]. Global Change Biology, 20(6): 2004-2018.

Heinrichs S, Schmidt W, 2009. Short-term effects of selection and clear cutting on the shrub and herb layer vegetation during the conversion of even-aged Norway spruce stands into mixed stands [J]. Forest Ecology and Management, 258: 667-678.

JACOB A L, LECHOWICZ M J, CHAPMAN C A, 2017. Non-native fruit trees facilitate colonization of native forest on abandoned farmland [J]. Restoration Ecology, 25(2): 211-219.

KOMATSU H, KUME T, OTSUKI K, 2008. The effect of converting a native broad-leaved forest to a coniferous plantation forest on annual water yield: A paired-catchment study in northern Japan [J]. Forest Ecology and Management, 255(3-4): 880-886.

KREMER K N, BANNISTER J R, BAUHUS J, 2021. Restoring native forests from *Pinus radiata* plantations: Effects of different harvesting treatments on the performance of planted seedlings of temperate tree species in central Chile [J]. Forest Ecology and Management, 479: 118585.

LEE E W S, HAU B C H, CORLETT R T, 2005. Natural regeneration in exotic tree plantations in Hong Kong, China [J]. Forest Ecology and Management, 212(1-3): 358-366.

LIU Q, SUN Y, WANG G, CHENG F, et al., 2019. Short-term effects of thinning on the understory natural environment of mixed broadleaf-conifer forest in Changbai Mountain area, Northeast China [J]. PeerJ, 7: e7400.

LÖF M, PAULSSON R, RYDBERG D, et al., 2005. The influence of different overstory removal on planted spruce and several broadleaved tree species: Survival, growth and pine weevil damage during three years [J]. Annals of Forest Science, 62: 237-244.

MA S, CONCILIO A, OAKLEY B, et al., 2010. Spatial variability in microclimate in a mixed-conifer forest before and after thinning and burning treatments [J]. Forest Ecology and Management, 259(5): 904-915.

MADSEN P, LÖF M, 2005. Reforestation in southern Scandinavia using direct seeding of oak (*Quercus robur* L.) [J]. Forestry, 78: 55-64.

MALKAMÄKI A, D'AMATO D, HOGARTH N, et al. , 2017. The socioeconomic impacts of large – scale tree plantations on local communities. A systematic review protocol [R]. Bogor: Center for International Forestry Research (CIFOR).

MASON W L, 2007. Changes in the management of British forests between 1945 and 2000 and possible future trends [J] Ibis, 149(S2): 41-52.

MASON W L, CONNOLLY T, POMMERENING A, et al. , 2007. Spatial structure of semi – natural and plantation stands of Scots pine (*Pinus sylvestris* L.) in northern Scotland [J]. Forestry, 80(5): 567-586.

MOSANDL R, KLEINERT A, 1998. Development of oaks [*Quercus petraea* (Matt.) Liebl.] emerged from bird – dispersed seeds under old-growth pine (*Pinus silvestris* L.) stands [J]. Forest Ecology and Management, 106(1): 35-44.

NORD – LARSEN T, VESTERDAL L, BENTSEN N S, et al. , 2019. Ecosystem carbon stocks and their temporal resilience in a semi – natural beech – dominated forest [J]. Forest Ecology and Management, 447: 67-76.

ONAINDIA M, AMETZAGA-ARREGI I, SAN SEBASTIÁN M, et al. , 2013. Can understorey native woodland plant species regenerate under exotic pine plantations using natural succession? [J]. Forest Ecology and Managemen, 308: 136-144.

PADILLA F M, ORTEGA R, SÁNCHEZ J, et al. , 2009. Rethinking species selection for restoration of arid shrublands [J]. Basic and Applied Ecology, 10(7): 640-647.

PATHAK P S, GUPTA S K, 2004. Eco-restoration of degraded lands in central India through assisted natural regeneration [J]. International Journal of Ecology and Enviromental Sciences, 30(3): 241-249.

PAUL T, LEDGARD N, 2009. Vegetation succession associated with wilding conifer removal [J]. New Zealand Plant Protection, 62: 374-379.

PAUSAS J G, BLADÉ C, VALDECANTOS A, et al., 2004. Pines and oaks in the restoration of Mediterranean landscapes of Spain: New perspectives for an old practice—a review [J]. Plant Ecology, 171 (1): 209-220.

PAYN T, CARNUS J M, FREER - SMITH P, et al., 2015. Changes in planted forests and future global implications [J] Forest Ecology and Management , 352: 57-67.

PRÉVOST M, CHARETTE L, 2015. Selection cutting in a yellow birch-conifer stand, in Quebec, Canada: Comparing the single-tree and two hybrid methods using different sizes of canopy opening [J]. Forest Ecology and Management, 357: 195-205.

ROBERGE M R, 1977. Influence of cutting methods on natural and artificial regeneration of yellow birch in Quebec northern hardwoods [J]. Canadian Journal of Forest Research, 7(1): 175-182.

SEIWA K, ETOH Y, HISITA M, et al., 2012. Roles of thinning intensity in hardwood recruitment and diversity in a conifer, *Criptomeria japonica* plantation: A 5-year demographic study [J]. Forest Ecology and Management, 269(2): 177-187.

SHONO K, CADAWENG E A, DURST P B, 2007. Application of assisted natural regeneration to restore degraded tropical forestlands [J]. Restoration Ecology, 15(4): 620-626.

SILVA L N, FREER-SMITH P, MADSEN P, 2019. Production, restoration, mitigation: a new generation of plantations [J]. New

Forests, 50: 153-168.

SOUZA M T P, AZEVEDO G B, AZEVEDO G T O S, et al., 2020. Growth of native forest species in a mixed stand in the Brazilian Savanna [J]. Forest Ecology and Management, 462: 118011.

SPIECKER H, HANSEN J, KLIMO E, et al., 2004. Norway spruce conversion: options and consequences. European Forest Institute [R]. Research Report 18. S. Brill, Leiden, Boston, Köln.

SPIROVSKAKONO M, DURST P B, 2009. Assisted natural regeneration (ANR)-Harvesting lessons [J]. Tigerpaper, 36(2): 6-7.

SPRACKLEN B D, LANE J V, SPRACKLEN D V, et al., 2013. Regeneration of native broadleaved species on clearfelled conifer plantations in upland Britain [J]. Forest Ecology and Management, 310: 204-212.

THOMPSON R, HUMPHREY J, HARMER R, et al., 2003. Restoration of native woodland on ancient woodland sites [M]. Edinburgh: Forestry Commission.

TRENTINI C P, CAMPANELLO P I, VILLAGRA M, et al., 2017. Thinning of loblolly pine plantations in subtropical Argentina: Impact on microclimate and understory vegetation[J]. Forest Ecology and Management, 384: 236-247.

UEBEL K, WILSON K A, SHOO L P, 2017. Assisted natural regeneration accelerates recovery of highly disturbed rainforest [J]. Ecological Management and Restoration, 18(3): 231-238.

VALLEJO V R, SMANIS A, CHIRINO E, et al., 2012. Perspectives in dryland restoration: approaches for climate change adaptation [J]. New Forests, 43(5): 561-579.

WAGNER S, FISCHER H, HUTH F, 2011. Canopy effects on vegetation caused by harvesting and regeneration treatments [J]. European Journal of Forest Research, 130(1): 17-40.

XIANG W, LEI X D, ZHANG X Q, 2016. Modelling tree recruitment in relation to climate and competition in semi-natural *Larix - Picea - Abies* forests in northeast China [J]. Forest Ecology and Management, 382: 100-109.

XIE H, FAWCETT J E, WANG G G, 2020. Fuel dynamics and its implication to fire behavior in loblolly pine - dominated stands after southern pine beetle outbreak [J]. Forest Ecology and Management, 466: 118130.

YAMAGAWA H, ITO S, NAKAO T, 2010. Restoration of semi-natural forest after clearcutting of conifer plantation in Japan [J]. Landscape and Ecological Engineering, 6(1): 109-117.

YANG Y, WANG L, YANG Z, et al. , 2018. Large ecosystem service benefits of assisted natural regeneration [J]. Journal of Geophysical Research-Biogeosciences, 123(2): 676-687.

ZERBE S, 2002. Restoration of natural broad-leaved woodland in Central Europe on sites with coniferous forest plantations [J]. Forest Ecology and Management, 167(1-3): 27-42.

ZERBE S, KREYER D, 2007. Influence of different forest conversion strategies on ground vegetation and tree regeneration in pine (*Pinus sylvestris* L.) stands: A case study in NE Germany [J]. European Journal of Forest Research, 126(2): 291-301.

ZHOU L, CAI L, HE Z, et al. , 2016. Thinning increases understory diversity and biomass, and improves soil properties without decreasing growth of Chinese fir in southern China [J]. Environmental Science and Pollution Research, 23(23): 24135-24150.

ZHU J, YANG K, YAN Q, et al. , 2010. Feasibility of implementing thinning in even-aged *Larix olgensis* plantations to develop uneven-aged larch-broadleaved mixed forests [J]. Journal of Forest Research, 15(1): 71-80.